根雕制作技法

GENDIAO ZHIZUO JIFA

（修订版）

汪传龙　编著

时代出版传媒股份有限公司
安徽科学技术出版社

图书在版编目(CIP)数据

根雕制作技法/汪传龙编著. —4 版. —合肥:安徽科学技术出版社,2011.1(2024.9 重印)
ISBN 978-7-5337-2946-2

Ⅰ.①根… Ⅱ.①汪… Ⅲ.①根雕-技法 Ⅳ.①TS932.4

中国版本图书馆 CIP 数据核字(2004)第 027462 号

根雕制作技法 汪传龙 编著

出 版 人:王筱文 选题策划:刘三珊 责任编辑:刘三珊 田 斌
责任校对:盛 东 责任印制:李伦洲 封面设计:冯 劲
出版发行:安徽科学技术出版社 http://www.ahstp.net
(合肥市政务文化新区翡翠路 1118 号出版传媒广场,邮编:230071)
电话:(0551)63533330
印 制:安徽新华印刷股份有限公司 电话:(0551)65859178
(如发现印装质量问题,影响阅读,请与印刷厂商联系调换)

开本:787×960 1/16 印张:彩色 5.5 双色 5 字数:200 千
版次:2024 年 9 月第 25 次印刷

ISBN 978-7-5337-2946-2 定价:46.00 元

序

阅读汪传龙先生编著的《根雕制作技法》一书，甚为欣喜。用明了的文字和分解图来介绍根雕制作工艺，这还是第一本。它的问世，对醉心于这门艺术的创作者、鉴赏者及广大收藏爱好者来说，是值得庆贺之事。

汪传龙先生创作、研究盆景根雕多年，具有扎实的理论功底和丰富的实践经验。他用图文并茂的形式，对根雕的制作技法与全过程做了由浅到深、循序渐进的解剖与阐述。他抛弃门户之见，将许多人秘而不宣的各种规律与独家心得大白于天下，供内行同道借鉴与切磋，引门外汉步入艺术殿堂。这一份坦诚与付出，是可敬可佩的。相信汪先生这一力作能给根雕艺术的弘扬与普及带来深远的影响。

根雕艺术凝聚着中国传统的美学思想，其作品在似与不似之间，提炼与再现着自然之美韵。它意境隽永，给人以想像空间，令人们在品味把玩之中得到陶情冶性的艺术享受。《根雕制作技法》一书除了介绍纯欣赏性艺术根雕的制作方法外，还根据中国人历来“赏与用并重”的观念，用大量篇幅探讨了根雕艺术家具及日用摆件的制作。这对根雕这门艺术以及家具业的发展都是有所裨益的。

作为一种独特的文化载体，根雕艺术长期得到具有一定文化素养及品位的人们的喜爱。在改革开放的今天，多种民间艺术都拥有了前所未有的旺盛生命力。根雕艺术不仅是文人雅士的喜好，同时也为文化水平提高了的广大劳动者所接纳。从这个意义上说，《根雕制作技法》一书的问世正逢其时，它是盛世开放的艺术之花。

汪传龙先生作为一名成就斐然的中青年艺术家，能从繁忙的事务中抽身编著这本书，为民间艺术的发展不遗余力，其心血与精力是不会白费的。在此，我谨向他表示诚挚的祝贺。

胡仁甫

目录

前 言

根雕艺术是利用天然的奇根异木创作出来的艺术，是自然美与人的审美心理学和技术美学的综合表现。著名史学家常任侠先生评价根雕艺术说:“天然造型，历史长久，奇根劲节，饱含异光，造物赋彩，唯有识者，乃能衡量，略加修整，用作宝藏。” 根之奇、根之美重在发现。大地孕育塑造了根的各种姿态、结构、色泽、纹理，充满天趣，人所不及。根雕艺术在创作过程中，要顺应根的自然形态、自然结构、自然色泽、自然纹理，传自然之神韵，抒作者之情怀。

根雕艺术是中国古老而传统的艺术，始于战国，形成于汉晋，发展于唐宋，盛于明清，今天将会更加繁荣发达。继花卉、盆景热之后，根雕艺术热又在全国各地兴起，各种根雕艺术团体层出不穷，创作、研究、交流、展览盛况空前，根雕国有厂家及个体生产者生意兴隆。根雕以其独特的艺术感染力及收藏陈设的实用意义受到越来越多人的青睐，市场广阔。

该书是笔者多年理论研究及创作实践的一个总结，旨在将自己的根雕艺术创作的点滴经验介绍给大家，希望能对广大根雕艺术爱好者和专业生产单位有所裨益，为中国根雕艺术的蓬勃发展尽一份微薄之力。不妥之处，敬请各位同行和专家批评斧正。

借此机会向关心支持此书编写绘图的徐谷青、王立宝先生，王晶晶女士及马鞍山根雕艺术研究会的朋友们表示衷心的感谢!

作者

一、根雕艺术简史

（一）起 源

根雕艺术起源于中国，历史悠久。根雕艺术与中国文学、雕刻、书法、盆栽、插花、制陶、青铜器一样，来自于人类社会实践和审美意识，在人类长期的生产劳动过程中产生，且随着生产力的不断发展而逐渐成熟。人类祖先开始用树枝、树根熏烤食物，或用其作为武器来狩猎及防御野兽的袭击，后来发展到用树枝制作简单的生产工具和饰品。早在六七千年前的原始社会，人们已会雕刻木像，并用树根和竹根制作饰品。1977年在浙江余姚河姆渡发现新石器时代遗址，出土了两块画有盆栽万年青图案的陶器残片及牙雕、木雕等，说明了新石器时代的人类已经能够从大自然中获取美感，并开始了美的创造。

1982年，湖北省荆州地区博物馆清理马山一号楚墓，发现了我国战国时代的根雕艺术作品《辟邪》。据国家文物部门考证，该文物制作于战国时代中晚期，在公元前340年至公元前270年，距今约2 300年。《辟邪》为一虎头、龙身、兔尾、四足的怪兽，四足雕有蛇、雀、蛙、蝉等图案，呈行走状，通体朱红漆彩绘，极富动态和神韵，木根的自然形态与人工雕琢融为一体，色彩古雅朴实。数年后，湖北荆沙铁路考古队又在湖北荆门市十里铺镇包山二号墓里挖掘出我国战国时代较为精致的根雕艺术作品《角形器》。据考证，这件根雕艺术作品随葬年约为公元前300年的战国时代。该品色乌，呈两只盘结的小螭形状，并略雕有螭头及腹部纹理。表明古代根雕艺术家已掌握对天然根材依形度势的创作原理，只略在局部雕刻，既突出了根的自然之美，又显示了精湛的人工技艺。

出土的两件根雕艺术作品《辟邪》和《角形器》，表明在我国2 300年前根雕艺术就已经诞生。

（二）发 展

根雕艺术始于战国时代，形成于汉晋。根雕艺术制作由简到繁，从制作实

《瓶中奇葩》

作品充分表现了东方风格的插花艺术之美。根雕艺术与插花艺术融为一体，韵味十足。

用小品，如笔筒、笔架、抓手、烟斗、枕头等，发展到制作宫厅轩堂中陈设的多种形式的似是而非的繁杂的人物、花鸟、大型摆件和富丽堂皇的各种家具。这段时期的根雕艺术创作者寥若晨星，欣赏者极少，根雕艺术作品多是达官贵人乃至帝王将相的奢侈品。

《雄踞》

到了隋唐时期，随着社会生产力的发展、人民生活水平的提高，文化艺术事业日趋繁荣兴盛，根雕艺术也得到相应的发展。唐书《李泌传》中有李泌采用天然树根制作“龙形爪”献给皇上的记载。唐代的韩愈将一件似人的根雕艺术作品视为“神佛”，称之为《木居士》，在《题木居士》中曰：“根如头面干如身……偶然题作木居士，便有无穷求福人。”“朽蠹不胜刀锯力，匠人虽巧欲如何?”从叙述中不难看出唐代的根雕艺术备受文人的青睐，根雕艺术创作注重自然美。五代时期的画家阮郜绘制的《阆苑女仙图》中有天然根雕艺术木榻、凳等器物的描绘。宋元时期北京李昉编撰的《太平广记》，详细叙述了商人张弦偶得黄荆制作“荆根枕”献庙之事。

明清时代根雕艺术得到发展。明代根雕艺术家以枯木根藤做禅椅，上海豫园至今陈列着明代根雕艺术家用榕树根制作的《玉玲珑麒麟》《凤凰》等作品。在明代的书画作品中也有很多有关根雕艺术的记叙和图绘。明代根雕艺术作品的特点是：选材上根要盘根错节，制作上强调不以刀斧为奇，稍加剖、磨而巧夺天工。到了清代，金陵、嘉定地区根雕艺术创作更为繁荣，诸如朱雅正和秦一爵创作的根雕艺术作品《渔翁》《张果老》；封氏根雕艺术世家的锡禄和锡璋兄弟创作的根雕艺术作品《王右军换鹅》《刘海戏蟾》《布袋和尚》《孟襄阳骑驴踏雪》；福建根雕艺术家创作的《福禄寿三星》和《麻姑仙女》等。这些作品“三分人工、七分天成”，依材择题，顺势加工，妙用根态，略加雕琢。这一时期的创作垂青于天趣神韵，自然美被表现得淋漓尽致，局部雕刻起到画龙点睛作用，使作品更加传神。

清末民国初，外侵内乱，民不聊生，根雕艺术日趋衰落。

（三）现　状

党的十一届三中全会以来，国家振兴，经济繁荣，古老传统的根雕艺术很快得以复苏，并异军突起，大放光彩。中国工艺美术学会于1985年12月24日至26日在北京召开中国工艺美术学会根雕艺术研究会成立大会，中国花卉盆景协会也下设了根雕艺术研究组，群众性的根雕艺术团体层出不穷，根雕艺术创作及展览盛况空前。1987年11月在北京工艺美术博物馆举办了“第一届中国根雕艺术优秀作品展”。各省、市、自治区举办的各种根雕艺术展更是数不胜数。福建、浙江、安徽、江苏、河北、陕西等省根雕艺术厂家和个体生产单位不断增加，根雕艺术生产形成了一定的规模，创作的根雕艺术作品更是日益繁多。

随着根雕艺术的社会效益、经济效益日趋显著，根雕艺术作品成了馈赠国际友人、亲朋好友的贵重礼品。如作品《雄踞》《五鬼闹判》陈设在厅室，很有气势，作为馈赠佳品有其特殊意义。根雕艺术作品销售量日见增大，尤其是实用性根雕艺术作品销量看好，很多根雕艺术作品正走出国门出口创汇。根雕艺术作品以其独具匠心、艺作天成的艺术感染力及较高的收藏价值，受到越来越多人的青睐，应该说根雕艺术创作有着广阔的市场前景。

《五鬼闹判》

二、风格特色

根雕艺术的地区差别由来已久，清代时浙江、福建、安徽等地的根雕艺术，在根材的选择、加工的技艺、着色的方法上就有很大的区别。由于受传统工艺的影响、师承关系的不同、审美趣味的差异，各地选用材料的千差万别，使得各地根雕艺术有着明显的地方特色，在一些地区已形成一定的风格。作品《朝阳》是上海创作的，其细腻雅致的风格较为明显。

《朝阳》胡根囚

（一）福建根雕艺术

福建有着传统的根雕加工技艺和得天独厚的根材资源优势，如龙眼木、荔枝根、杉木、柳干、榕树根等。福建沿海对外贸易十分方便，根雕艺术品出口较多，良好的经济效益使福建根雕艺术如虎添翼。福建有一批创作根雕艺术的杰出人才，如屠一道、林祥梧等。屠一道父子根雕艺术作品曾赴香港举办展览，并拍摄成新闻影片向国外报道，谷牧为其根雕艺术作品题词“匠心独运，艺作天成”。笔者在无锡“屠一道根雕艺术陈列馆”看过屠先生捐献的根雕艺术作品，作品《龙凤呈祥》扁平状，高约2米，宽约1.5米，被挤压的树根奇特怪异，作者仅在局部雕刻龙凤形象，既朦胧又生动，十分有趣。林祥梧先生创作的花卉、飞禽走兽更是惟妙惟肖。总体上看，福建根雕艺术在着色上尤为讲究，成为一大特色。作品多采用仿古处理使其黑里藏红、红中透亮，给人一种端庄凝重、古老质朴的感觉。福建根雕艺术作品立意新颖、选材讲究、气势宏大，野气、霸气十足。当然，福建也有一些根雕艺术作品的着色方法与上述截然相反，注重表现根的木色、纹理，着色浅或不上色，追求天然韵味。如陈琰的作品《秋实》，各种果实依其天然色泽，略微着色即成。

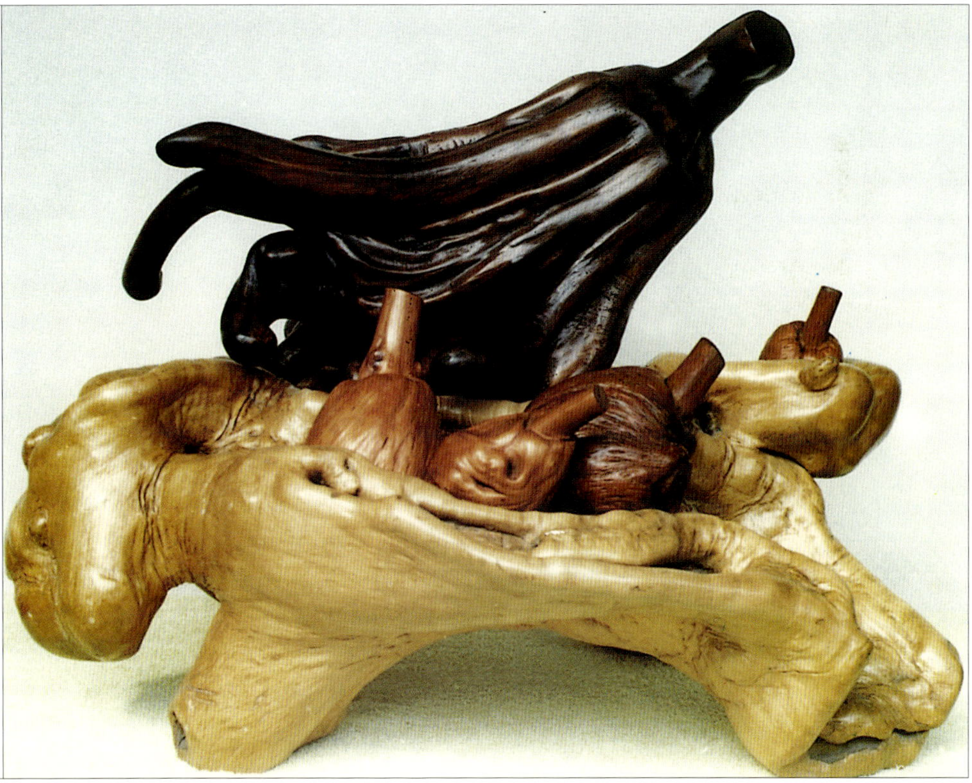

《秋实》陈琰

（二）浙江根雕艺术

浙江是历史上的雕刻胜地，东阳木雕、青田石雕久负盛名，技艺精湛。其根雕材料颇为丰富，主要根材为檵木、杜鹃、黄荆，还有紫薇、白檀、黄杨、樟树、油茶、马尾松、乌饭树等。上述有利条件为浙江根雕艺术的迅速崛起奠定了基础。李苇、高公博创作的根雕艺术作品在继承传统的基础上力求创新，发扬传统的雕刻之长，充分利用根材的天然形态加以精雕巧琢，作品既具象又抽象。近几年崛起的青年根雕艺术家徐谷青善因材施艺，创作的大型根雕艺术作品颇有特色，被外商购去的《未来佛》，高3.7米，重4.5吨；正在创作中的《寿星》，高4.85米、宽2.1米，重达数吨。大型根雕艺术作品气势磅礴，气度非凡。浙江根雕艺术创作不仅强调根的艺术性，更注重它的实用性，根雕艺术家具及实用摆设的制作更是广泛而普遍。巧借根木的疤节、瘤体、纹理、自然形态，进行局部雕刻是浙江根雕艺术作品的主要风格特色，而把根雕艺术作品的实用性、欣赏性、艺术性巧妙地融为一体也可以说是它的优势之一。如《福禄寿》《醉八仙》和《龙王逞威》《生机》。

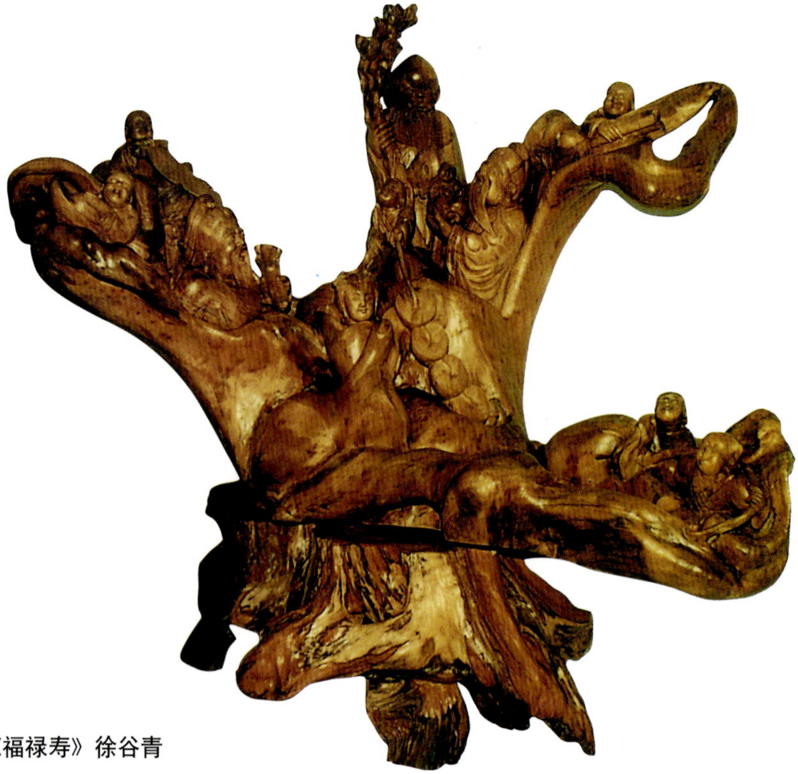

《福禄寿》徐谷青

（三）上海根雕艺术

上海是我国经济发达、对外交流十分活跃的口岸城市。该地根雕艺术的原材料和树木盆景材料一样，主要求购于外省，所以该地根雕艺术原材料多种多样，南北方树种都有。上海根雕艺术在选材上特别讲究，材料利用上十分珍惜。根雕艺术家胡仁甫先生携子创建了具有特色的“家庭根雕艺术馆”，很多国际友人慕名而来，不惜重金购买他的作品。上海根雕艺术选材精、用材广、立意深、大小适中，尤其是加工技艺特别精细，哪怕是一个细小的部位也一丝不苟、精雕细刻。如胡根囡的作品《争奇斗妍》《母爱》，造型及着色上善因材施艺，突出根材自然美，作品玲珑剔透，乖巧细腻，常在似与不似之间，完整性强，艺术品位高。

（四）北京根雕艺术

北京是我国的首都，也是我国政治、经济、文化艺术和对外交流的中心，艺术家云集，信息多，观念新，艺术水准高。1985 年在北京成立了“中国工艺美术学会根雕艺术研究会”。北京现代根雕艺术起步早、发展快，为中国现代根雕艺术事业的迅速崛起和蓬勃发展起到了推波助澜的作用。根雕艺术材料多采用紫穗槐、鹅耳枥、荆条、红杨柳、柏树及果树和从外地引进的南方根材，但从整体上看，根材的品种及质量较南方逊色不少。

北京根雕艺术创作者普遍文化素质高、艺术造诣深，如马驷骥、刘焕璋、李德利、张云祥、黄承田先生等，有的是艺术编导、画家，有的是雕塑家、美术家，

《醉八仙》

《生机》 徐谷青

一株古老的树桩，其顶部好似长出了嫩枝，正生机勃勃地向上生长。

《争奇斗妍》胡根囚

作品取材于贵州山区岩石中一枯死野杜鹃，高130厘米，宽100厘米。其巧妙构思，定格于孔雀开屏时的瞬间，表现了孔雀对美的渴望和追求。

《母爱》胡根囚

作品取材于小叶香樟，高50厘米，宽75厘米。作品通过母鸡护蛋的生动情景，表达了人间最崇高神圣的慈母之情。

他们的作品洋溢着现代根雕艺术的气息，蕴含着高深的文化艺术内涵。根雕艺术家马驷骥先生创作的《马空冀北》《飞天》《浴女》等，构图简洁明快，以静求动，似像非像，大胆夸张、变形，线条的塑造充满着强烈的动态和韵律，更显得有个性和特色，把现代根雕艺术之韵味表现得淋漓尽致。

总体上看北京根雕艺术重自然轻雕刻，构图讲究，形态上不求形全，力求神似，粗放与精细融为一体，粗则粗犷豪放，细则纤细如毫，注重根的艺术语言表达，根的形、线塑造恰到好处，立意深刻新颖，命名独特巧妙。

（五）湖北根雕艺术

湖北根雕艺术历史悠久。在江陵出土的《辟邪》及沙市出土的《角形器》，据考证为战国时代随葬根雕艺术作品，这证实湖北早期根雕艺术已达到了一定的水准。20世纪80年代湖北的树木盆景艺术发展特别快，这使与树木盆景相连的根雕艺术也得到相应的发展。湖北的根雕艺术选材较为丰富，如白蜡、龙木、黄杨、防枫、檵木、紫香、黄荆、古藤，这为湖北根雕艺术的迅速发展奠定了良好的物质基础。另外，湖北各地经常举办根雕艺术作品展览，为广大根雕艺术创作者提供了更多的实习、观摩、交流的机会，使湖北的根雕艺术水平不断提高。

近年来湖北实用根雕艺术发展特别快，创作题材十分广泛而带有乡土气息且勇于创新。很多地方加工根雕艺术家具和盆景几架等，并能批量生产，具有一定规模，产品不但销往国内很多地方，还出口国外。除实用根雕艺术外，以欣赏为主的根雕艺术创作内容也十分丰富，既有传统的人物、花鸟、鱼虫，又有反映现代生活的根雕艺术作品单件和组合件，还有山水盆景式根雕艺术和各种壁挂式根雕艺术。根雕艺术创作上带有浓郁的乡土文化气息，如《不肯过江东》《编钟乐舞》《楚魂》《龙腾虎跃》《玄武》等根雕艺术作品就是表现当地风土民情的。反映当代生活的根雕艺术作品《拼搏》《腾飞》《晨曲》《万里长江图》等则有着强烈的时代感，使人耳目一新。

（六）吉林根雕艺术

通常根雕艺术创作的原材料绝大多数来自于枯死的树根，或施工开采遗弃的活根等，而吉林根雕艺术创作材料则大多采用松花江里的浪木。陆地上采集的根有大地孕育出来的美，浪木则有水流洗刷出来的美，两种美各有千秋。由于自然背景的差异，根木所呈现出的形态、纹理、色泽迥然不同。早年松花江上游拦江筑坝，水位大涨致使大量的树木被水吞没，树木长期闷泡水中，逐渐自然解体，或沉入湖底，或漂浮水面。经过无数次的洗刷，木体变形、自然成趣。经过根雕艺术家慧眼识宝、巧妙构思、精心制作，从而把这些曾经无人问津的废材变成了独具风格特色的浪木根雕艺术作品。如戚士媛创作的《长白风光》，独具匠心的着色处理，尽情展现了长白山白雪皑皑的自然景观，作品浑厚、凝重、沉郁。

（七）安徽根雕艺术

明清时代安徽的文化艺术已经非常发达，徽派建筑、木雕、砖雕、石雕、版画、盆景及桐城文学、新安画派等都闻名于世，人才辈出。至今在安徽许多地方还保存着明代建筑，建筑物上精湛的木雕木刻令人叹为观止。气宇轩昂、雄伟挺拔的各种石牌坊上高超的石雕石刻更是奇巧无比。根雕艺术也随之得到相应的发

《我的中国心》张仁繁

作者将酷似中国地图的根块加工后，粘在心形的衬垫上，寓意祖国永远在我心中，表现了炎黄子孙对祖国深深的眷念。

《圣火》蒋栋梁

作品上下一气呵成，纵向流动的线条及末端的自然收顶，恰似一盏燃烧的火炬。凹凸不平的圆形底座，亦配得恰到好处。

《岁月如流》蒋栋梁

作品用一蜡梅枯桩制作而成。那线条犹如流水，充满柔情。

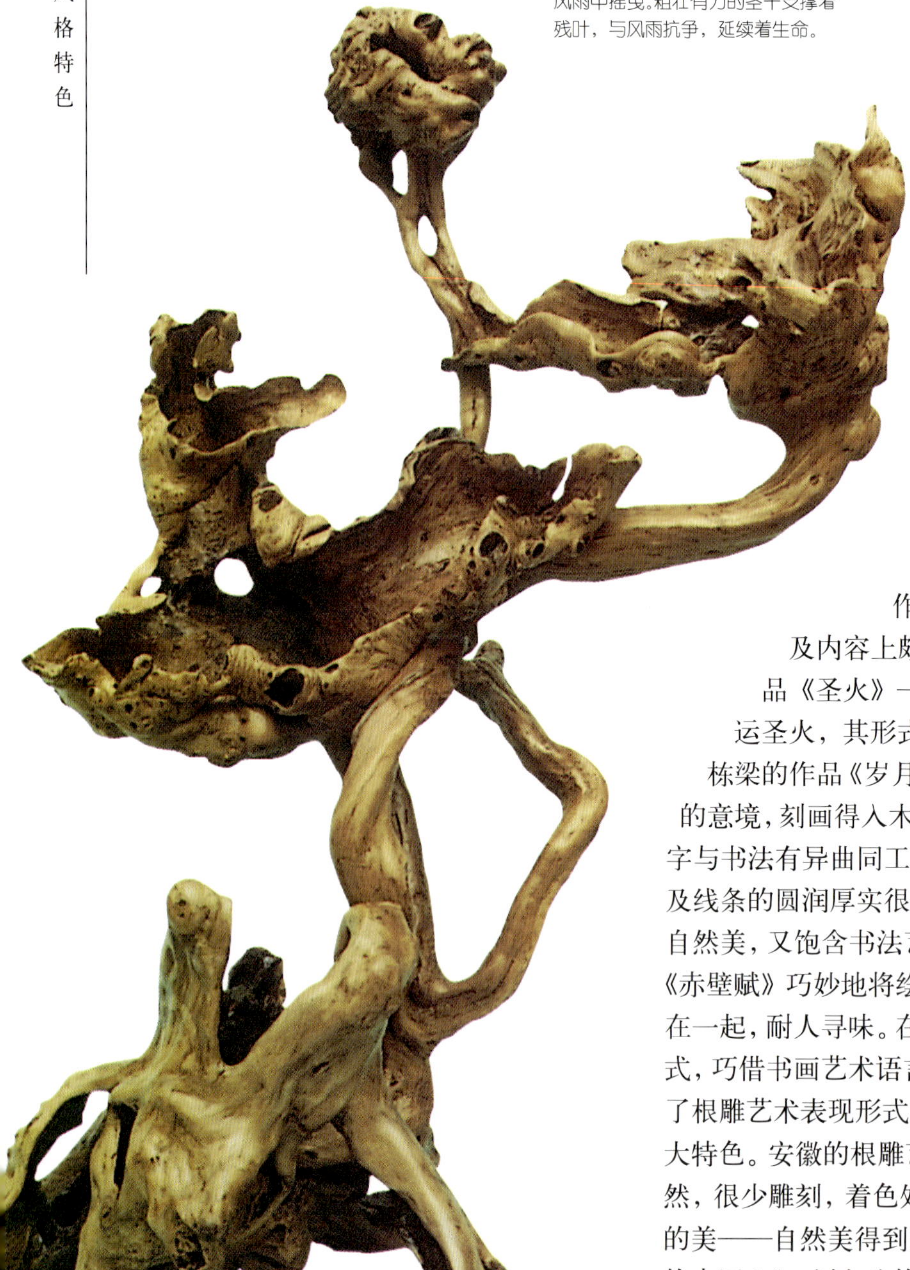

《残荷听雨》

那裂开的莲蓬，破碎的残叶，在风雨中摇曳。粗壮有力的茎干支撑着残叶，与风雨抗争，延续着生命。

展。清代，黄山附近的太平县有个根雕艺术家汤組，到黄山采挖古木树根创作人物鸟兽，颇有美誉。安徽皖南山区根雕艺术材料也十分丰富，品种繁多，如檵木、榆、榉、三角枫、紫薇、柞木、梅、松柏、朴、竹根等。毫无疑问，这些原材料为今天安徽根雕艺术的发展奠定了良好基础。安徽根雕艺术取材广、新意多、求自然。檵木根用得最多，也有选用竹根、松塔的。根材的多样性丰富了根雕艺术创作内容。徽派根雕艺术在形式及内容上颇有独到之处，如根雕艺术作品《圣火》——熊熊燃烧的火炬，恰似奥运圣火，其形式与内容达到完美的统一。蒋栋梁的作品《岁月如流》，将岁月如流水般逝去的意境，刻画得入木三分。根字也是安徽首创，根字与书法有异曲同工之妙，它将书法中的中锋用笔及线条的圆润厚实很好地表现出来，既保留了根的自然美，又饱含书法艺术的抽象美。根雕艺术作品《赤壁赋》巧妙地将绘画语言与根雕艺术语言融合在一起，耐人寻味。在根雕艺术创作上采用壁挂形式，巧借书画艺术语言来丰富根雕艺术内容，拓宽了根雕艺术表现形式，应该说是安徽根雕艺术的一大特色。安徽的根雕艺术创作，因形就势、顺其自然，很少雕刻，着色处理上讲究质朴，使根最本质的美——自然美得到最大的表现。如张红繁的《我的中国心》、刘宜珍的《醉仙》、徐谷青的《残荷听雨》都是利用自然根形创作的优秀作品。

《醉仙》刘宜珍

作品取材于完整的樾木根。主根中心部自然朽烂后形成沟槽，两侧自然包卷，犹如古人醉酒后扬起的长袖，人物造型飘逸洒脱。

（八）云南根雕艺术

云南有植物王国之称，有着各种古老而奇特的杂木，根材资源得天独厚。同时它又是少数民族较多的省份之一，有着丰厚的传统文化基础，使云南根雕艺术带有浓郁的地方民俗风味。根雕艺术作品《赛马》最具代表性，赛马的人屈背俯首，驰骋的马前蹄腾空，异常生动地表现了赛马运动的紧张场面。作品中似人非马和人、马不合比例的天然造型，韵味十足，既有浓郁的乡土气息，又不失根雕艺术之高雅。根雕艺术作品《争雄》刻画了两只斗鸡各不相让、啄杀争雄的精彩场面。《傣族少女》《葫芦信》《景颇女》巧用根木节段和外皮，稍加雕刻，把少数民族姑娘轻盈、婀娜的舞姿刻画得栩栩如生。

《无语的岁月》

《中华魂》

（九）广西根雕艺术

广西根材资源丰富，根雕艺术发展较快。其特点是注重根的自然效果，稍事雕琢，精心于形体塑造，犹如中国的写意画，不拘小节、以势达意、以形写神，抽象性和意象性强，有种含蓄之美、朦胧之美。如根雕艺术作品《扭动》，没有什么具体的形象，只是再现了物体运动留下的轨迹，记述了物体运动的旋律美。《十二生肖》和《红楼十二钗》系列根雕艺术作品注重动物、人物外部形象的塑造，抛弃了局部形象的精雕细刻。这些作品的特点是对某一题材进行系列创作，并将其有机地组合，大大丰富了作品的内涵及艺术表现形式，增强了艺术感染力，这也是广西根雕艺术创作方面的有益尝试。

（十）其他地方根雕艺术

江苏一直是我国经济较为发达的省份，江苏省会古称金陵的南京，是历史文化名城，自明代以来金陵的根雕艺术就十分繁荣。新中国成立以后，树木盆景艺术得到继承和发展，如苏派盆景、扬派盆景、通派盆景在全国颇有影响，与树木盆景相关的根雕艺术也得到相应的发展。但由于根材较为贫乏，又或多或少影响了根雕艺术的发展。江苏根雕艺术能博采众家之长，加工、造型、着色善于因势利导、巧借天然。《冲》《来福》《谁敢占我蓝天》等根雕艺术作品精巧细腻，抒情而秀美。《澜沧江畔》刻画了一位亭亭玉立的少女，身姿纤细柔和，头戴斗笠，人物未着色但打磨精细，配置了不规则带雨点状的红木底座，形象生动，少女的纯真、羞涩呼之欲出。

近年来山东经济突飞猛进，带动了文化艺术的繁荣发展，根雕艺术也不例外。根雕艺术的普及和根雕艺术材料的丰富为山东根雕艺术的迅速发展奠定了良好的基础。其特点是注重根雕艺术语言的表达，寻求根的自然和天趣，在造型上少拼接、少雕刻或不拼接、不雕刻，尊重根的原形。色彩处理上尽量不着色或少着色，讲求根的原色，使根雕艺术作品富有山东人的粗犷、豪放及质朴、洒脱之风骨。如根雕艺术作品《力》《猎》《威》《团聚》《对心桃》等，重自然、不拼接、不着色，两分人工，八分天成。

江西根材资源十分丰富，从事木雕木刻的人数也多，根雕艺术发展潜力很大。江西根雕艺术比较注重景观的表现，如根雕艺术作品《泽畔东篱情》，其山、石、篱笆、树、底座均由根木组成，一派田园风光，诗情画意，别具一格。作品《无语的岁月》《中华魂》将盘根错节的树根以自然的形态展现出来，强调了根雕的原汁原味。在树木盆景艺术中，往往将一些单株不成型或局部受害死亡的树木进行组合，以表现自然界丛林景观。江西根雕艺术作者借鉴盆景创作形式将单体不成形或艺术价值不高的根材个体进行组合，表现一种自然景观，这种拼接组合方式是根雕艺术的一种创新。

广东根雕艺术作品《精彩表演》构思精巧，其底座与根雕艺术作品有机地融合成了不可分割的整体。

河南、四川根雕艺术作品巧用根的自然形态，并在局部精雕细刻，使原来根材形象得到升华。如河南根雕艺术作品《醉》《童子拜观音》《醉打山门》《奔月》《山鬼》等，虽经雕刻但不失自然且恰到好处。有些根材过于臃肿或意象过于模糊，就在局部进行精雕细刻，提高了原来根材的艺术品位，这不失为根雕艺术创作中的又一种好方法。

三、类型与形式

（一）类　型

1．抽象型

抽象型不是具体的形象造型，而是超脱事物具体的、直观的形象，暗示或潜藏某种意向的一种模糊形象，这种模糊形象往往掺入了人为想像因素。观者再根据这种模糊不明确的形象进行想像、体会，形成心目中形象的概念，引起共鸣，或忧伤或喜悦或兴奋。如屠一道的根雕艺术作品《无奈》，整个造型没有具体形象，但那被紧缠的树干，表现了一种被压抑和无可奈何的感觉。又如张仁繁先生的根雕艺术作品《无言的结局》，那圆润整实、凹凸起伏的交织形体，神秘而幽邃，仿佛在思索着人间的风雨岁月，又仿佛在孕育着新的生机。《混沌初开》更是以一种抽象的形态来展现想像的空间。

《无奈》屠一道

树木在生长过程中被藤条缠绕后树干扭曲，作者巧取其中比较典型的一段进行创作。作品虽没有具体形象，但却蕴涵某种情怀。被紧缠的树干，给人一种压抑和无可奈何的感觉。

《无言的结局》张仁繁

这是一截由于藤本植物缠绕而形成的旋转体树桩，作者取其一段进行加工，意在表现一种生命现象和植物生长运动留下的轨迹。作品表现了一种旋律美。

《混沌初开》徐谷青

2. 似像型

“似像非像，似是而非”的艺术形象即为似像型。它不是对外界事物真实的模仿以求形象的逼真和细节的完整，而是既像又不太像。或某些部分几乎失真走形，或某些部分缺少了什么，或形象的某些部分又多出了什么，但通过艺术加工，可赋予作品形象上的神似。似像型根雕艺术作品往往有意忽略形象的逼真和完整，而追求形体神态的完美。如王炳金先生创作的《像不像》，似“象”非“象”，象的笨拙、憨厚可爱的神态被表现得恰到好处。根雕作品大多是似像非像，如《寿石》《回首》《迈》《福禄寿》《八仙》《朔风》《龙》《花蕾争艳》《奇葩》《吼》《畅游》《剑拔弩张》《梳羽》《小憩》等均是似像型的作品。

《回首》王福来

《寿石》徐谷青

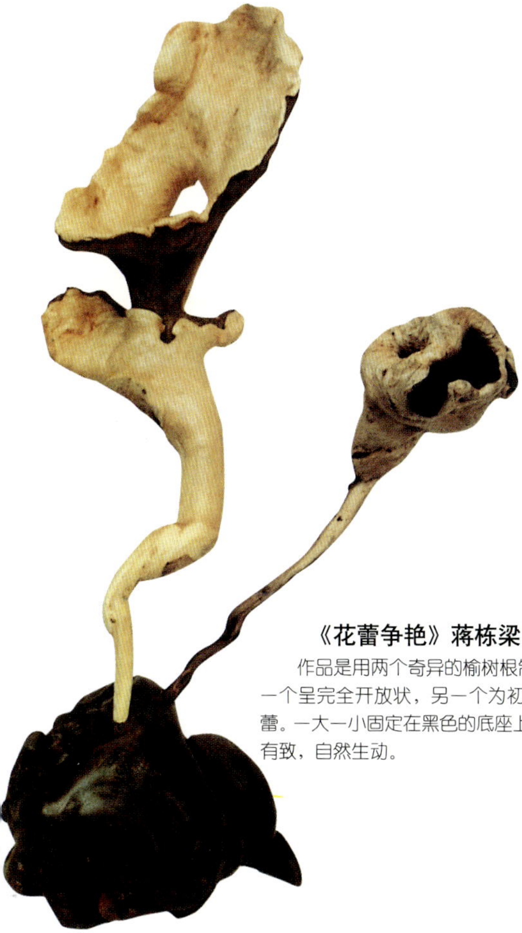

《花蕾争艳》蒋栋梁

作品是用两个奇异的榆树根制成的。一个呈完全开放状，另一个为初绽的花蕾。一大一小固定在黑色的底座上，错落有致，自然生动。

《吼》徐谷青

作品的自然纹理多么奇异。是狮子？是麒麟？它愤怒地张开大大的嘴巴，发出震耳欲聋的声响。

《迈》张仁繁

作品是利用枝杈连接处的刺状瘤体制作而成的。它高昂着头、目不斜视，像凯旋的英雄。

《八仙》徐谷青

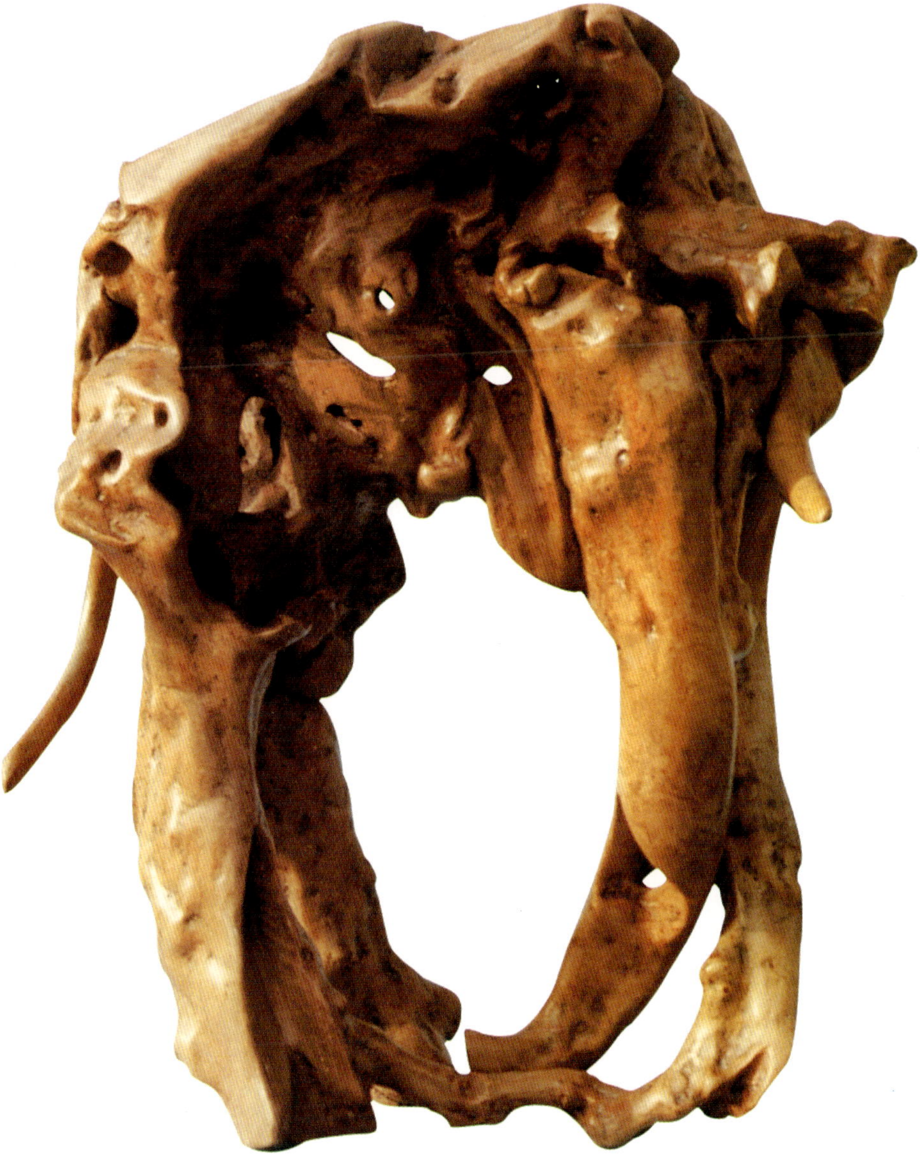

《像不像》王炳金

作品根材为一整体根块，宛如一只幼象，虽然没有象鼻子，但增加了趣味性。

《朔风》张仁繁

作品造型完整、极富动感。不合比例的马，前蹄扬起，昂头回首。枯烂残存的筋脉线条似马的鬃毛，被强劲的风吹向一侧，异常生动。

《奇葩》蒋栋梁

作品取材于樾木根。加工制作随其自然，不雕不刻，不拼接，也不着色，打磨抛光后上地板蜡。作品好似绽放的鲜花，野趣天成，生动活泼。

《剑拔弩张》张仁繁

这是一段完整的根木，头尾、底座均为自然形成。那有力的大尾巴向一边甩去，展现了白鳍豚从水中跃出的瞬间景观。

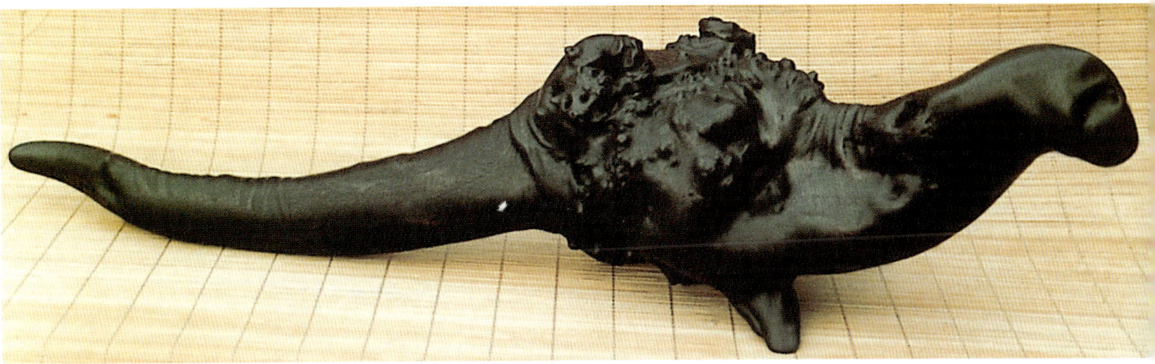

《待哺》张仁繁

一只刚刚出世不久的“小家伙”，昂着脑袋，拖着长长的尾巴，小心谨慎地向前迈动。那柔嫩的皮肤光滑圆润，稚弱可爱。

《松鼠》屠一道

一只精灵般的松鼠，扬起大大的尾巴，竖起双耳，回头张望。作品把松鼠的天真、活泼、顽皮、无拘无束的性格表现得非常真切。

3. 具象型

具象型就是有比较明确具体的实物形象。具象型根雕艺术作品形体较为逼真，或某一局部与实物特别相像，具象型根雕艺术作品一般都依赖于人为雕刻，但绝不等同于木雕，前者是以自然为主、雕刻为辅，后者则以雕刻为主。绝大多数具象型根雕艺术作品以人物及花、鸟、鱼、虫等飞禽走兽为创作素材。如作品《夏之韵》《待哺》《松鼠》《金蟾戏钱》《天真》《艳石弥勒佛》《岁月千秋》《观音送子》《钟馗驱鬼图》《观音》《一叶过江》。由于根雕艺术语言的特殊性，决定了根雕艺术创作过程中的人为作用越小越好，具象型根雕艺术更应该把人为雕刻部分减少到最低比例。如徐谷青的根雕艺术作品《金蟾戏钱》，作者利用根木本身具有的疙瘩肌理，塑造了蟾的形象，可谓形神兼备。

《夏之韵》胡根囚

作品取材于岩石缝隙中被挤压的奇异的山榉、榕树块状根，高140厘米、宽90厘米。其远视像婀娜多姿的荷叶，近观又似千年灵芝。浑然天成的整体造型，体现了胡氏根雕艺术特色。

《畅游》张仁繁

作品取材于整体三角枫根桩，无任何拼接。一只大金鱼正奋力地向下畅游，其尾部在水中游动受阻的形态，惟妙惟肖。

《小憩》屠一道

在一块太湖石上，站着一只雄赳赳、气昂昂的大公鸡，它正高鸣之后小憩。作品用仿古色，深沉、厚重。

《梳羽》张仁繁

作品高约60厘米。左上部自然枯烂，纹理清晰，深褐色凹进去的粗糙块状与中间偏右的光滑浅黄白色体形成了强烈对比。左上侧犹如一只鸟将头侧向背部，梳理着自己可爱的翅羽。

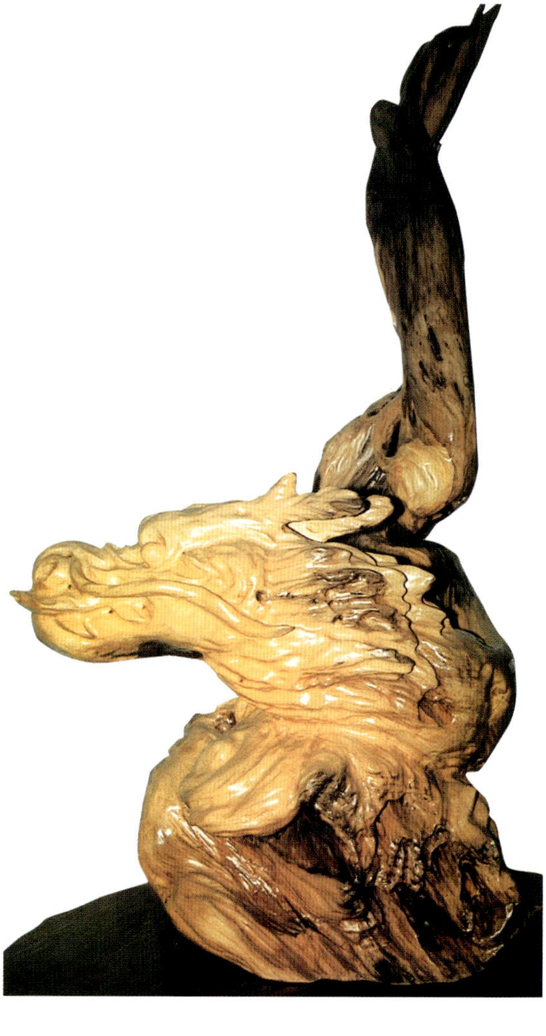

《龙》徐谷青

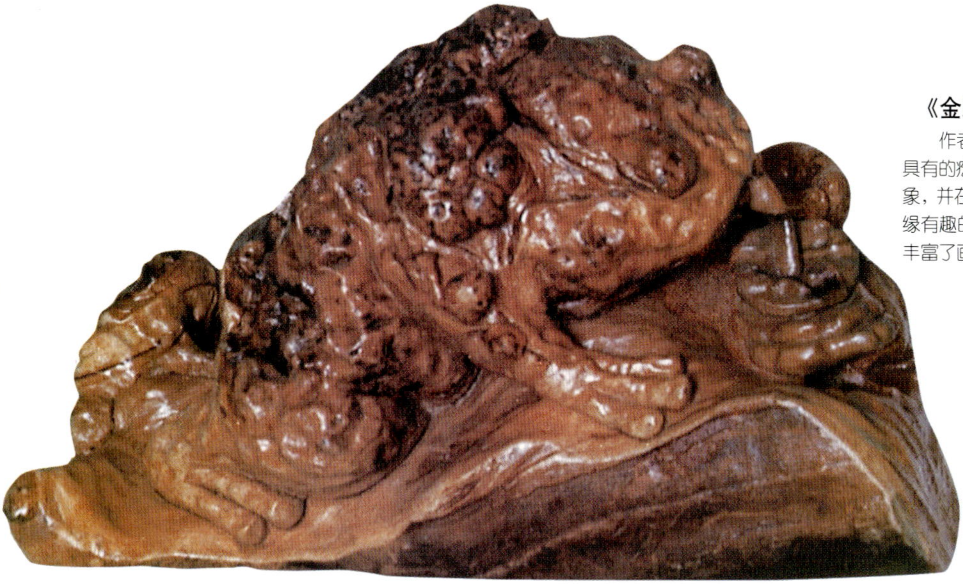

《金蟾戏钱》徐谷青

作者巧妙借用了根木本来就具有的疙瘩肌理，来塑造蟾的形象，并在局部进行雕刻。作品边缘有趣的切割和雕琢的一串钱，丰富了画面的内容。

《岁月千秋》徐谷青

作者顺着树木的自然形态进行局部精雕细刻，使作品既形象逼真，又不失自然。老寿星笑容可掬，满树寿桃十分诱人，调皮的玩童正期待着老爷爷的赏桃。

《天真》张仁繁

作品生动地表现了一只不设防的飞鸟呆立的神情姿态，天真而惹人怜爱。

《钟馗驱鬼图》徐谷青

钟馗怒目圆睁，嫉恶如仇，将捉拿的恶鬼高高地举起。作品上大下小、奇中求稳，充分表达了人们对邪恶势力的憎恨。

《艳石弥勒佛》徐谷青

《一叶过江》徐谷青

《观音送子》屠一道

作者完全用自然根，并依根的自然形态进行构思造型。观音怀抱童子，站在莲花上，安详端庄。

《观音》徐谷青

4．自然型

没有经过任何人为雕刻天然成趣的根体称之为自然型。这种自然型根雕艺术并非像什么或似什么，而是根在泥土里自然形成的，并由一系列点、线、面精巧组合而构成的某种怪异奇特具有美感的形体。自然型根雕并不完全排除必要的人为加工，如去汁、除皮、打磨、配座、上色等。徐谷青的根雕艺术作品《绽放》，就是块自然形成的根块，未经任何雕琢，美妙天成。《灵魂》《叶中奇峰》《远古的传说》《媲美》《根韵》《岁月》《赤壁遗韵》均属此类型。

《绽放》徐谷青

《远古的传说》张仁繁

作品取材于黄荆条桩，扁平状，造型精瘦，遒劲有力，肌理纹线、洞穴、凹凸十分有趣，根味十足。

《媲美》徐谷青

《叶中奇峰》张仁繁

作品中黄色的包面就像秋天的残荷枯叶，叶中深褐色的枯面、错落有致的残脉，勾画出华山奇峰。

《灵魂》张仁繁

作品取材于树木根瘤，宽近40厘米。作品加工时未动一刀，着色也完全保留了原来自然的色泽。根瘤造型酷似人的大脑，仿佛是人的灵魂，玄奥、神秘。

《根韵》徐谷青

《岁月》张仁繁

岁月使一株老桩奇特怪异。作品犹如一株老树，老而弥壮。

《赤壁遗韵》徐谷青

5. 景观型

表现某种自然景观或园林景观的根雕艺术作品称为景观型根雕艺术作品。如表现自然界里的山、水、茅舍人家，表现园林中的奇树、怪石等，都属于景观型根雕艺术范畴。景观型根雕艺术作品往往由多个单件根雕艺术体组合而成。如胡根囚的根雕艺术作品《览胜》，这种组合体很好地将“凝聚日月精华、尽揽天地之灵气”表现出来。《十月里》《物华天宝》《丰收》《百花齐放》也为此类型。

《十月里》徐谷青

十月是硕果累累的季节，这一大一小充满根趣的“果”，黄里透红，多么可爱。似金色的橘、红红的山楂、翠绿艳红的苹果挂满了树，坠弯了枝。

《揽胜》胡根囚

作品取材于山榉，高80厘米，宽50厘米。其看似山石，实为奇木。

《物华天宝》胡根囚

作品取材于枯死树瘤，高70厘米，宽80厘米，仙果与果盘，皆天然成形。作品创作顺形随势，果与盘相得益彰，天作一般，表达了人们好事成双、心想事成的良好意愿。

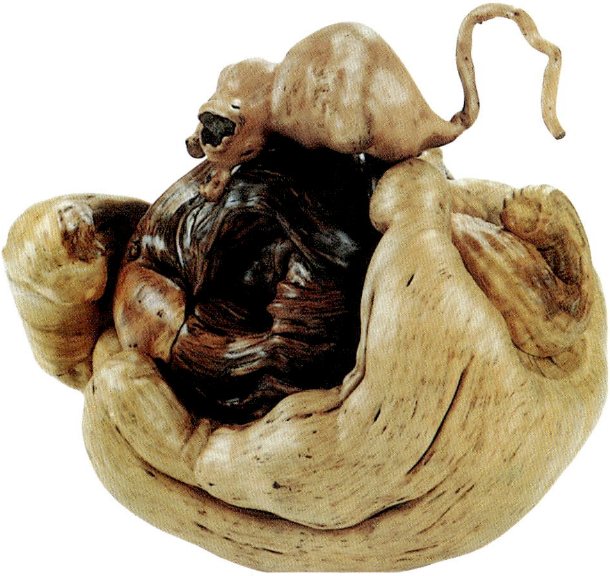

《丰收》胡根囚

作品取材于松树瘤和枫树，高45厘米，宽35厘米。淡赭色的包边裹藏着赤红色的心，仿佛是成熟的裂开了的果实。一只小老鼠贪婪地偷吃着，生动有趣。作品隐喻五谷丰登、国泰民安。

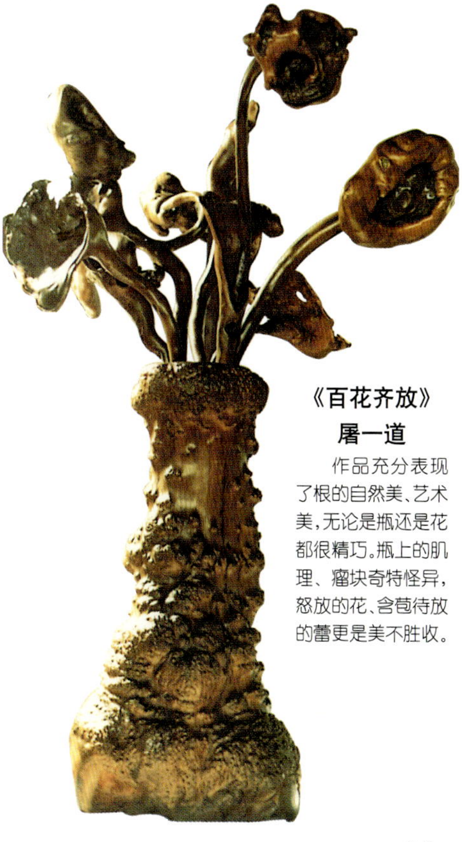

《百花齐放》
屠一道

作品充分表现了根的自然美、艺术美，无论是瓶还是花都很精巧。瓶上的肌理、瘤块奇特怪异，怒放的花、含苞待放的蕾更是美不胜收。

6. 实用装饰型

实用装饰型根雕艺术作品包含实用和装饰功能,且具有一定的艺术审美属性。它将根的艺术性、实用性、装饰性融为一体，使根雕艺术作品的功能得到进一步的拓展。实用装饰型还可细分为两类，如用根制作的画筒及各种器皿、笔架、笔挂、屏风、几架、家具等，属实用类范畴，如根椅、三联花架、双联花架、《古花瓶》《寿盘》《原始之榻》；还有根字、根画、根雕艺术壁饰及其他根雕艺术饰品也属于装饰型范畴如《硕果挂匾》《闯》《黄金万两》。实用装饰型根雕艺术作品在构思创作过程中除注重其实用装饰效果外，绝不可忽略其艺术性。

三联花架　徐谷青

这是用根拼接而成的三联花架。三台高矮有别，台面大小各异，适合不同大小盆花的摆放。

双联花架　徐谷青

这是用根拼接而成的双联花架。高台向左倾斜，矮台向右，其根左右穿插，造型自然且富有一定的韵味。

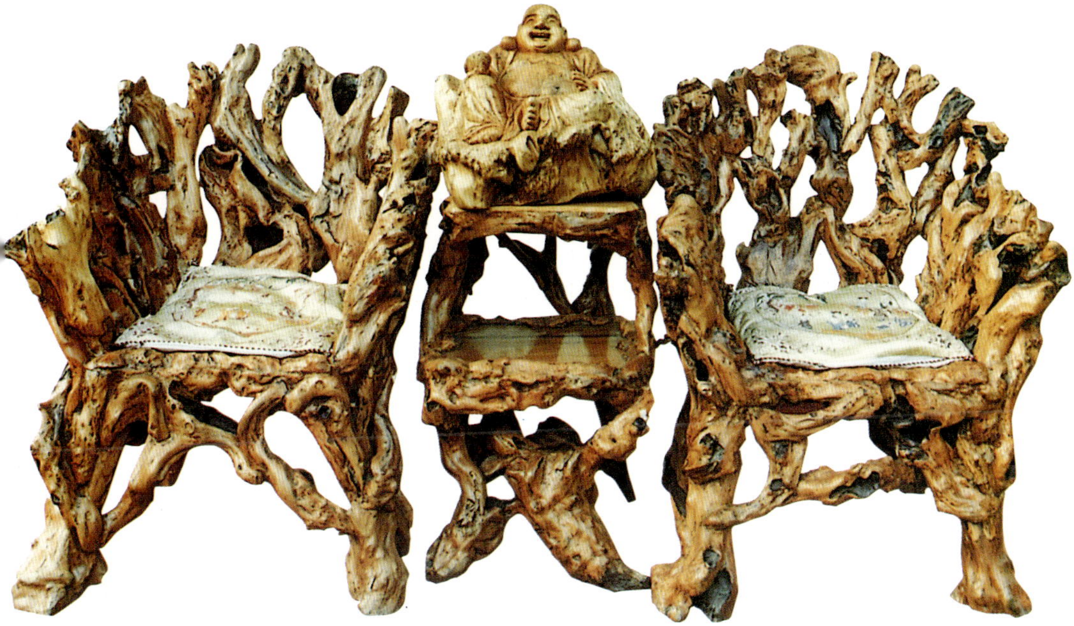

根椅　徐谷青

这组根椅由椪木根制成。椅背为放射状展开，本色。坐位宽松，造型大方、古朴。中间茶几置放一尊弥勒佛，更是锦上添花。

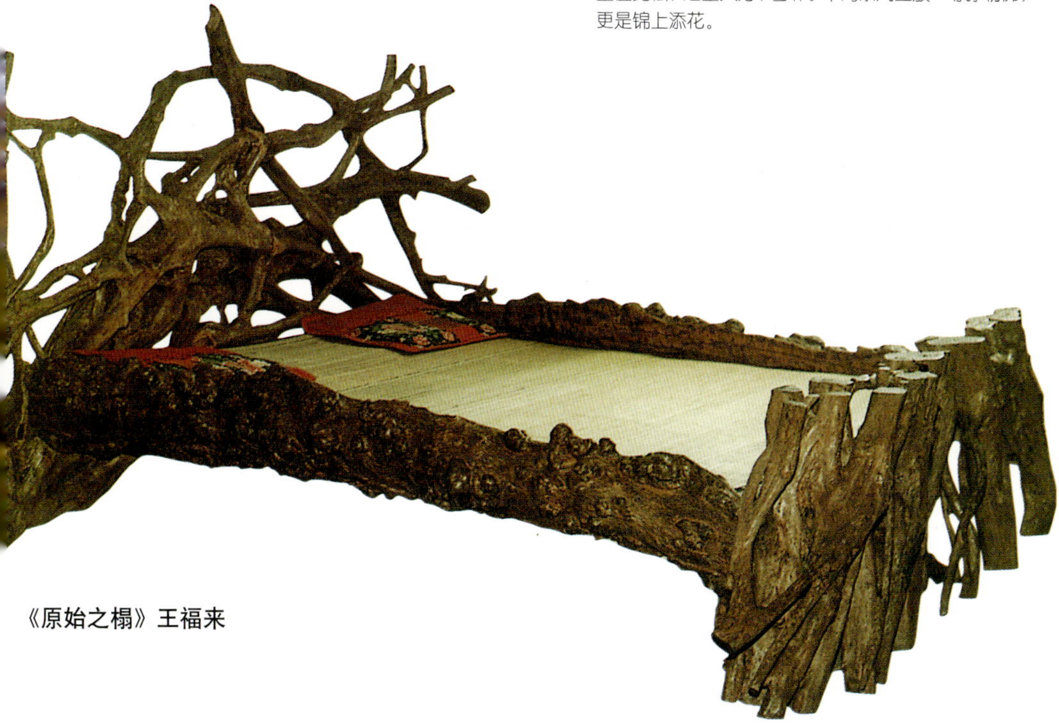

《原始之榻》王福来

《硕果挂匾》徐谷青

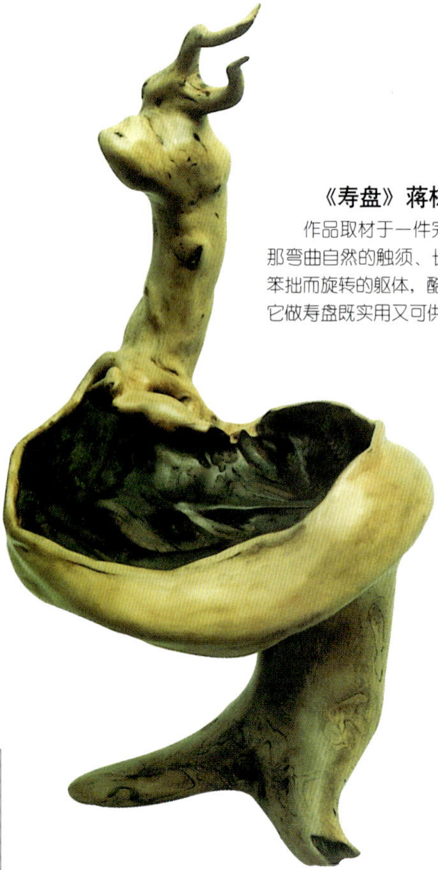

《寿盘》蒋栋梁

作品取材于一件完整的根块。那弯曲自然的触须、长长的脖子、笨拙而旋转的躯体，酷似蜗牛。用它做寿盘既实用又可供欣赏。

《古花瓶》胡根囚

作品用木荷制成，高60厘米，宽40厘米。它天然成形，表面的肌理、色泽较好地体现了中国传统瓷器工艺品的独特质感和韵味。

《闯》徐谷青

根书“闯”字左侧，作者用细根进行了部分伪饰，马字下部的四点为整体根。根雕艺术和书法艺术融为一体，别具一格。

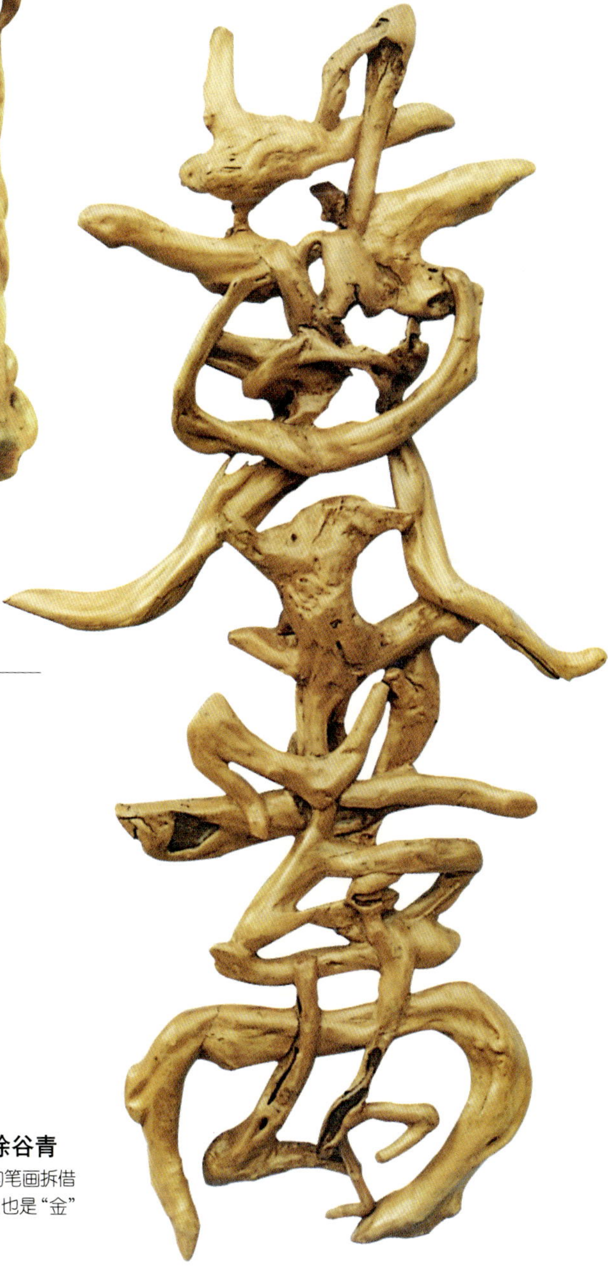

《黄金万两》徐谷青

作者将中国字的笔画拆借互用，“黄”字下两点也是“金”字的人字头。

（二）形　式

1. 整实式

整实式根雕艺术作品是由整块根木的蔸、段、块、瘤制作而成的。大型的人物、动物根雕艺术作品，整实式颇多。整实式根雕艺术作品显得憨实、饱满、深厚、稳重、大气。如中国首届根雕艺术展金奖作品，陈琰的《猩猩》，作品为一完整的根块，作者创作成猩猩形象，粗犷、质朴，天然成趣，非常难得。《运筹帷幄》《秦汉遗韵》《宽心》《笑口常开》都是典型的整实式作品。

《猩猩》陈琰

作品取材一完整的根块，作者在可视形象主题挖掘上下了很大工夫，将作品题名为《猩猩》，使根"活"了起来。作品获中国首届根雕艺术展金奖。

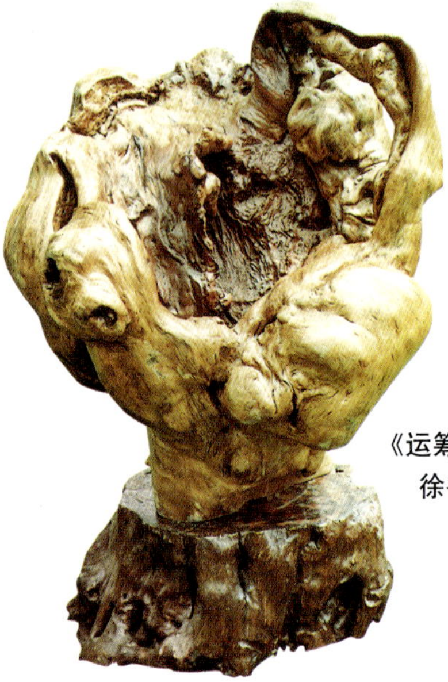

《运筹帷幄》徐谷青

《秦汉遗韵》张仁繁

作品材料为黄荆条根，整而厚实，其造型似一只憨厚可爱的小绵羊。作者在着色及根的肌理表现上可谓独具匠心。作品仿佛是秦汉时期的铜铸艺术品，古老久远。

《笑口常开》徐谷青

作品是用松树瘤制作的。作者对人物的头部进行了雕刻处理，其他部分保留了原来的形状，细腻与粗糙对比强烈，人物表情更显生动。

《宽心》徐谷青

作者利用根的原形，对上部进行雕刻处理，下部完好地保留了固有的形状，使作品既形象又不失自然。

2. 片状式

片状式根雕艺术作品大多为扁平状。在悬崖处、石缝中得到的根或受虫蛀、朽烂后残存的根常呈扁平状，这些扁平状根的表面由于受到挤压或虫蛀、自然剥蚀，往往形成奇特的肌理、纹脉。根雕艺术创作者常用之制作屏风或立式赏面。片状式根雕艺术作品表面肌理纵横盘结，奇特、怪诞。如第四届中国根雕艺术展铜奖作品，蒋栋梁的《民族魂》，根木呈扁平状，四边包卷，作品利用这种形状，恰到好处地表现了“民族魂”这一主题形象。《旭日东升》《湍湍清流》《石魂》均属此类作品。

《民族魂》蒋栋梁

作品呈扁平状，左上侧如甩出的龙尾，中上部似向左回首的龙头。大块的深褐色，使浅色小块面的龙更为突出生动。该作品获第四届全国根雕艺术展铜奖。

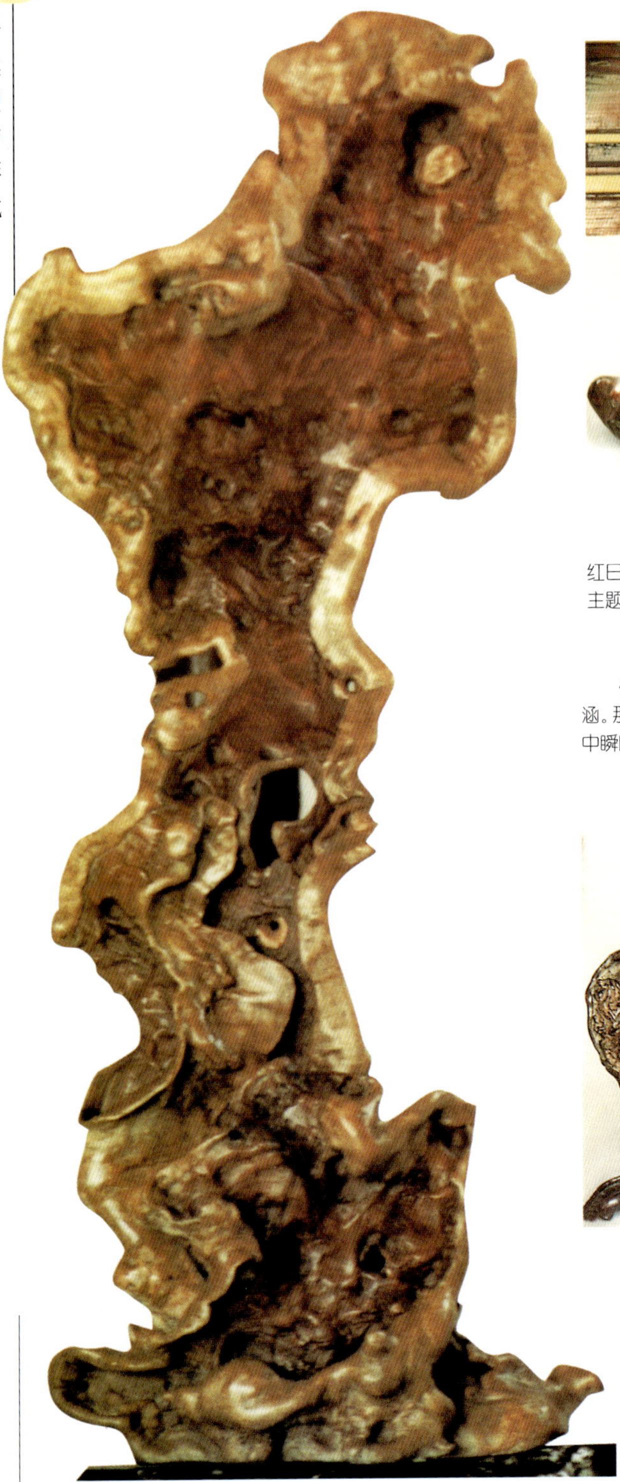

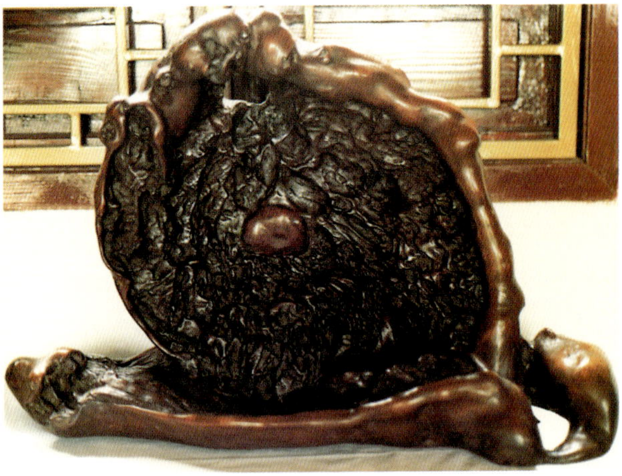

《旭日东升》屠一道

这块扁状根体，中间枯烂面形成的纹理，仿佛是汹涌澎湃的大海，一轮红日从海面冉冉升起。在这件作品中，根独特的艺术语言很好地表达了创作主题。

《湍湍清流》屠一道

作者摆脱了根的具体形象的束缚，刻意追求根的纹理中蕴藏着的美的内涵。那丰富多彩的纹理似湍湍溪水，又像流云飞渡，恰到好处地表现了自然界中瞬间的景观。

《石魂》屠一道

这个贴着岩石长成的根块，经作者的再创造赋予了它新的艺术生命。那蜿蜒曲折的包边及漏、透、瘦、皱的肌理形状，似石胜石，可谓石之奇葩。

3. 清瘦式

清瘦式根雕艺术作品是用简洁、精瘦、纤细的根及枝杈或残存的坚硬木质制作而成的，或秀丽端庄，或乖巧柔媚，或干练刚硬。如刘和平的根雕艺术作品《闻风惊鹿》，张仁繁的根雕艺术作品《呼唤黎明》，就是典型的清瘦式根雕艺术作品。

《呼唤黎明》张仁繁

雄赳赳、气昂昂的大公鸡站在奇石之上，抖动着漂亮的大尾巴，伸着长长的脖子高声鸣唱，奏响了黎明的序曲。

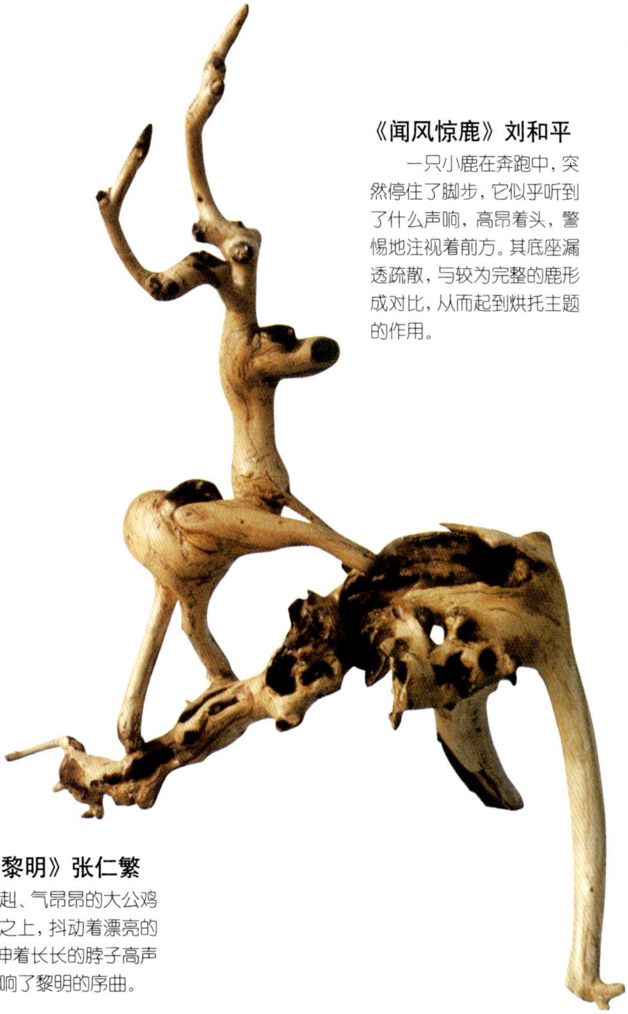

《闻风惊鹿》刘和平

一只小鹿在奔跑中，突然停住了脚步，它似乎听到了什么声响，高昂着头，警惕地注视着前方。其底座漏透疏散，与较为完整的鹿形成对比，从而起到烘托主题的作用。

4. 漏透式

漏透式根雕艺术作品是用中空外实或空洞连绵的根蔸制作而成的。一些根蔸随其树冠生长壮大而逐渐膨胀，在受到石的挤压或虫的蛀咬等情况下，往往会产生空隙或空洞，形成奇特怪异的造型体。这种根经作者巧妙构思、精心制作后，漏、透、瘦、皱显而易见，给人以怪、妙、幽、灵的感觉。如徐谷青的根雕艺术作品《万花筒》《漏石》《透石》，张仁繁的根雕艺术作品《玉洞仙踪》，就是利用根木的空洞和缝隙，将奇石的漏、透状态表现得出神入化。

《万花筒》徐谷青

《玉洞仙踪》张仁繁

作品几乎未动一刀，自然形成的包边、自然朽烂的洞穴被完整地保留下来。金黄色的包边肌理，犹如石灰岩山洞中的钟乳，那枯烂的深褐色洞穴恰似石壁，顶部孔洞犹如天窗。作品较好地表现了洞中奇观。

《漏石》徐谷青

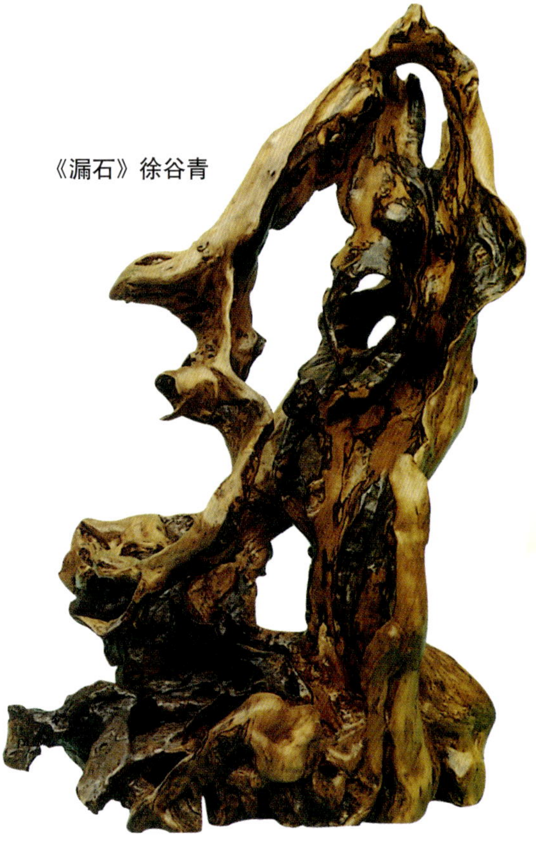

5．线条式

线条式根雕艺术作品是用扭旋、迂回、流动、曲折的条状根塑造而成的，线条流畅飘逸、洒脱奔放，充满艺术的动态美。根雕艺术家常用可塑性好的条状根塑造简洁、明快、清晰的人物、动物、花卉等艺术形象。如根雕艺术作品《世纪门》，线条弯曲封合，犹如年代悠久的洞门，造型古朴、形象逼真。《勃勃生机》所表现丛生的枝条虽然纤细，但却不屈不挠努力向上。

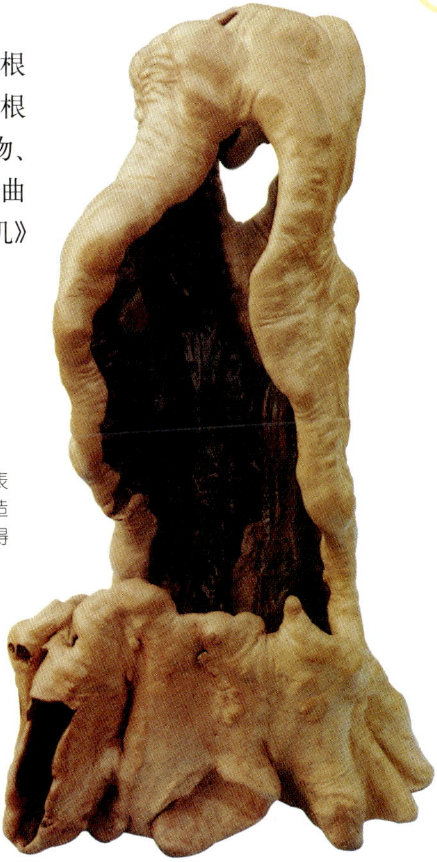

《透石》徐谷青

这尊根雕艺术作品着重表现了奇石的自然状态，结构造型奇中求稳，石的艺术效果得到了较好的表现。

《世纪门》徐谷青

《勃勃生机》徐谷青

6. 组合式

组合式根雕艺术作品是由不同形式的单个根体进行组合拼接或表现同一内容的若干单体的系列组合而成的，有拼接组合式和内容组合式两种。组合式根雕艺术作品对原材料的依赖性小于其他形式的根雕艺术作品，其特点是内容丰富、内涵深刻、形式多变、姿态万千。如蒋栋梁的根雕艺术作品《童时的回忆》，先有牛犊造型的根木，后根据需要配置了一带有树干的底座，使主题得到了很好的表现。

《童时的回忆》蒋栋梁

冬天里赤裸裸的树干颇有几分情趣，一立一卧的两只牛犊正贪婪地享受着冬日里阳光的温暖。通过组合拼接，作品内容更加丰富。

四、艺术表现

（一）审美原则

根雕艺术是用奇根异木创造出来的艺术，它是自然美与人的审美心理学和技术美学的综合反映，它的美是天人合一、与天同创的美，是天然造化与人为加工“奇”“巧”结合的美。根雕艺术之美，美在自然。《九天揽月》即是一块非常珍贵的大型天然根块，有一种气势磅礴的美。

1.自然美

中国传统艺术自古以来就崇尚自然并以自然为师，自然界蕴藏着魅力无穷的美。“峨眉”的秀、“黄山”的奇、“华山”的险；皎洁的明月，浩瀚的大海，飘飘扬扬的雪花，飞流直下的瀑布，五彩缤纷的草木花果，无不使人心旷神怡。

根生于泥土里，大地孕育、造化了它的自然质朴的美。根之灵妙，在于它的自然形态，似人、似鸟、似花、似果，如作品《媲美》《爱莲》；在于它的自然结构，或险奇、或嶙峋、或层云叠翠、或纵横交错、或粗犷突兀、或光滑圆润；在于它的色泽，黄色、白色、黑色、赭色、灰白色；在于它的纹理，像流云、像湍流、像缕缕青丝、像细雨飘落。

浙江美术学院朱金楼教授说：“把树根艺术放在物我合一、人天同构的位置上，它的最大的美学价值是自然。它体现着东方哲学和美学。”“自然往往是最平凡也是最难达到的东西。道家把他们的‘道’说得恍惚莫测，但承认‘道法自然’，自然是最高原则。”唐代张彦远指出：“失于自然而后神，失于神而后妙，失于妙而后精，

《九天揽月》徐谷青

精心为病也而成谨细，自然者为上品之上……”说明了自然美是至高无上的美，根雕艺术美的价值在于最大程度地去表现自然美。

任何艺术都有它的创作规律，根雕艺术的创作规律就是注重自然、顺其自然。首先要善于寻找和发现具有自然美的根材，然后在加工制作的整个过程中，依根的自然形态、自然结构、自然色泽、自然纹理，传自然之神韵，抒作者之情怀，用一切可能调动的加工手段，让根的自然美得到最大限度的显现。著名美学家王朝闻先生议根雕艺术时指出：“千姿百态的树根具有非常旺盛的生命力。尊重原材料的富于变化的形态和有趣特色的前提下，再经过顺应自然而又显示了创造加工而形成的作品，具备了非人为的、更为自由的创造出来的一种区别于一般雕塑具

《媲美》蒋北栗

这只不甘落伍的小鸟，将自己漂亮的尾羽甩向天空，并奋力张开双翼。

《爱莲》徐谷青

备的，更足以显示原材料美的特性和自然、质朴的审美价值。”在根雕艺术创作中若不能更多保留和顺应根的自然美，那么根雕艺术独特的魅力必然会大为逊色。在根雕艺术创作中要牢牢记住罗丹说过的一句话“自然的美，美的自然”，尽其自然，勿矫揉造作！

2．残缺美

大地塑造了形态变化万千的根，将这些或具象、或似像非像、或抽象意象的种种形态和生活中的真实形象进行比较时，常常会显露出不完整性，即残缺性。正是这种自然根的残缺性构成了根雕艺术与其他艺术迥然不同而独特的艺术语言，使根雕艺术产生别具一格的残缺美。根雕艺术的残缺美超越了人的想像，令人难以复制和仿造。

根雕艺术的残缺美接近中国画的“意高则减”、“不求形似”“以形传神”的审美趣味。郑板桥画竹强调“消尽冗繁留清瘦”，以求竹的精神；齐白石老人画虾有意减少虾腿的数量，以求表现虾的神韵。在树木盆景中往往借助残缺枯老的树桩表现一种“劫后余生”“生死相依”或“病树前头万木春”“岁老根弥壮”的残缺美。维纳斯雕像自1820年在地中海的米洛岛上被发现后，她的美并非符合人们审美趣味形成的一种有准备、有倾向性的心理状态，而是以其断臂的形象诱发了人们潜意识中一种怜香惜玉的审美情趣。这种残缺美不可改变、不可替代。无数艺术家为维纳斯断臂惋惜意欲为其补臂，但都因新接的臂不自然，破坏其残缺美而终告失败。根雕艺术中的残缺美是自然造化的美，无需人为使根的残缺形象变成一样不少的完整形状。罗丹说过“艺术在于砍掉它多余的一切”，在根雕艺术创作中要善用“减法”，慎用“加法”。如作品《荷塘情趣》十分巧妙地表现了残荷优雅动人的一面。

《荷塘情趣》徐谷青

根雕艺术作品的不完整性能构成残缺美，这并不意味任何艺术品的残缺都能构成美，也并非根木中的残缺全是美。那种认为残缺的损坏的艺术品才是美的想法是荒谬的。

根雕艺术中的残缺美，不但保留了根的天然造化的自然美，而且使观者在欣赏这种残缺美的根雕艺术作品过程中，根据各自生活经验去想像，“判天地之实，析万物之理”，启迪和诱导观者在欣赏的同时进行再创作，从中领略无穷的乐趣。

3. 艺术美

艺术的基本属性就是美。没有审美价值的根雕艺术作品不能算真正的根雕艺术。根雕艺术家追求、期望的是美，欣赏者为之倾倒的也是美。作品《大浪淘金》的美即是一种震撼人心的美。艺术美是根雕艺术最重要的属性，根雕艺术美的本质即为自然美和艺术美。自然美是客观存在的美，艺术美是主观创造的美。根的自然形态、结构、色泽、纹理等构成了根的自然美，通过根雕艺术家的发现，构思立意、加工创作，使之成为真正的艺术品。

在根雕艺术创作中人们虽一贯主张崇尚自然，但也离不开适当的人为加工。根天赋的自然美并不等于艺术，就像高山峻岭、奇桩异树很美但不是艺术品一样，只有当人们将自然中的奇桩异树植于盆中并进行修剪、绑扎，“缩龙成寸”才能称

《大浪淘金》徐谷青

《溪流》徐谷青

有人说自然的美是最伟大的美。作品中那抖动的纹理，犹如山间潺潺流淌的溪水，在低谷奔走，此处无声胜有声。

《旋律》蒋栋梁

作品虽然没有具体的形象，但是通过卷曲、伸长的纹理，表现了一种旋律美和动态美。

之为树木盆景艺术品。

根雕艺术中的艺术美不同于其他艺术种类的艺术美。如绘画、雕塑艺术纯属于艺术家创造之美，而根雕艺术家离开了具天赋之美的根，将一筹莫展，无法创造。根雕艺术家创作的作品其优劣在很大程度上依赖于原材料天赋美的程度，所以说根的艺术美必须以根的自然美为前提。作品《旋律》《溪流》就是利用原根体的自然形状而塑造的美。高尔基论及自然美时说："打动我的并非山野风景中所形成的一堆堆的东西，而是人类想像力赋予它们的壮观。令我赞赏的是人如何轻易地与如何伟大地改变了自然。"根的自然美是客观存在的，但离开了根雕艺术家的发现、创造，它只是存在但没有存在的价值。过去山中一堆堆烧掉、朽掉、烂掉的树根，正是因为有了根雕艺术家的发现和创造才使其化腐朽为神奇、变废为宝。根雕艺术是通过人的劳动即技术劳动来表现的，技术劳动也就成了根雕艺术创作的核心。

根雕艺术家只有娴熟驾驭根的艺术语言，才能使根的自然美更为自由地、最大限度地表现出来。在一个根体中，往往蕴藏了多种形式的美和多种不同的立意，技艺精湛的根雕艺术家总能在这多种形式美的根体中，选择出形式最美的、立意最深刻的形象，并通过根雕艺术家得心应手的技术处理，使其成为根雕艺术佳作。有了好的根材，又有了好的构思和立意，但往往因为眼高手低，以致事与愿违，不能创作出如意的佳作。唯有眼高手高的根雕艺术家才能使作品达到艺术美和自然美的高度统一。只有在长期的、反复的根雕艺术实践中不断总结摸索，学习和吸取别人的成功经验及新的科学方法，熟练掌握根雕艺术创作的各种技巧，才能眼高手高。

4．线条美

根雕艺术中的线条美是其自然美的重要特征之一。那些粗细不等、曲折多变的根枝，那些光滑细腻的纹理，那些虫蛀和朽烂后残存的、断断续续的、粗糙的沟槽筋脉，那些或流畅、或顿挫、或刚劲的根体轮廓线，构成了根雕艺术中的线条美。

《丹凤回首》张仁繁

作者利用根的线条组合塑造了“凤”的形象。“凤”的形体线条疏密有致，回首的神态更是栩栩如生。

用线条来表现美、塑造美，是东方传统造型的最重要的表现手法之一。无论是霍去病墓碑的石刻艺术，还是敦煌的壁画艺术，以及中国传统的白描画，都是借用线条来塑造美的形体。当代中国画大师刘海粟、吴冠中等人也善以线条来勾勒物像，创造美。线条在塑造美的物像中，能产生神奇的表现力。在根雕艺术创作中，用线条同样有着不可估量的作用。根本身线条就很丰富，那天然扭曲、盘结、旋绕、迂回、波折弯曲的线条足以产生和显现多种形式的美，并且还可以通过根雕艺术家的改造重塑美的形象。如张仁繁创作的《丹凤回首》、河北毛庆珍创作的《沙洲》、著名根雕艺术家马驷骥创作的《飞天》及安徽陆洪淇创作的《青云》等根雕艺术作品都是巧借根的天然的线条，塑造了凤凰、骆驼、飞天和书法的美。根的皮下层及木质部表面因树种的不同而显现不同的线条纹理，有的像古代铜鼎表面的纹饰，精巧而细腻；有的像中国画中“鼠尾皴”断续有力；有的似行云流水，柔媚而纤细。这种根的天然纹饰之美大大丰富了根雕艺术作品表现的内容。根遭虫蛀、啃咬、朽烂或在生长过程中受阻挤压后，其凸出的筋脉、凹陷的沟槽呈现的线条形式，有的如画家枯笔狂扫的激流，苍劲古拙；有的似肌腱，雄劲有力，构成了根雕艺术独特的美。构成根雕艺术形体的外部轮廓线，限制和确定了根雕在空间所占有的体积及其趋势、动感等。

从线条美的角度上讲，呆板、迟滞、缺少变化的线条是丑的；就单一线纹而言，充满情感、韵味和富有变化的线条是美的。在线条组合上忌粗细、长短等同和平行或生硬的交叉，合理的、对比强烈的、疏密有致的线条组合才是美的。

根雕艺术中线条的表现和塑造，一是要巧借天然的各种美的线条去表现根雕艺术美，在雕刻、打磨、上色的整个制作过程中，尽量避免损坏天然美的线条，并让它最大限度地表现出来；二是要在加工制作过程中，对截面及呆板平庸的段、块、面处理上，尽可能去模仿自然中的根所呈现的各种美的线条，使人为加工过的线条与根的天然线条相吻合，弄“假”成“真”，达到“虽由人作，宛若天成”的境地。

（二）表现手法

1．寻奇觅美，重在发现

根雕艺术创作和其他艺术一样，离不开它使用的材料，正如画家绘画离不开纸、墨、颜料一样，根雕艺术创作离不开根。千姿百态的根雕艺术作品之形，首先是大自然赋予的，没有大自然各种富有艺术倾向性，又包含艺术意蕴的神奇之根，就不可能有根雕这门艺术。根雕艺术之美，基于材料，在于天成。根雕艺术创作首先要去寻找、发现、采集那些具有一定艺术造型品位的根材。著名雕塑家刘开渠先生在论根雕艺术时说：“根雕艺术创作首先要有原料，最基本的东西是它本身有一个形象，要有一个可能发展成什么的基础。”根是大自然的宠儿，泥土里的奇葩。根雕艺术家要了解自然，深入自然，到大自然中寻奇觅美。寻根的方法一种是根据立意去寻找符合创作构思条件的根材，另一种是根据得来的自然的根材，构思立意。

有人把根雕艺术称之为“发现的艺术”，正如著名美学家王朝闻先生所说的那样“根的艺术创造性，主要表现客观存在根的美的发现……”根雕艺术之美，美在自然，这种客观存在的天然美依赖于人的发现，离开了人的发现，这种美则是无意义的。或者说人们无法去表现它的美，升华它的美，创造它的美。根之奇、根之美重在发现。成功的创作首先是来自于成功的发现，发现美的过程是创造美的第一过程，所以说在根雕艺术创作中发现美是第一位的。作品《龙王逞威》的成功就在于作者发现了龙首的可塑性，进而略加雕凿，创作了这件艺术作品。

根雕艺术家要有敏锐的洞察力和深厚的文化修养，去捕捉那些艺术倾向性强、艺术语言丰富的根材。罗丹曾说：“美是到处都有的，对于我们的眼睛，不是缺少美，而是缺少发现。”著名历史学家常任侠先生论及根雕艺术时指出：“大自然能创造各种美的形象，但你必须有审美的眼，方能认识它的美。从自然的形态中，能够看出各种可爱的形象，似鸟、似兽、似虫鱼……这必须具有天真的心灵。”高明的根雕艺术家总是用童稚般的心灵，在别人看来很一般的或司空见惯的根中发现美。“你想得到艺术的享受，你本身就必须是一个有艺术修养的人。人能结合幻想而创造美，发现美，人也按照美的规律来塑造物体。”这是马克思一句永恒的名言。要有一双审美的眼睛，自己首先必须是一个有艺术修养的人，这种修养主要依赖于生活、学习等方面的积累。审根品位的高低取决于艺术修养深厚与否，刘海粟曾有“绘画最后画修养”之说，根雕艺术创作也如此。所谓慧眼识材，即指艺术家要有好的眼力去发现美的东西，根雕艺术家没有好的眼力等于根雕艺术创作领域的“盲人”。

《龙王逞威》徐谷青

2. 因材施艺，贵在自然

根雕艺术不同于其他艺术，正如常任侠先生所说："根的艺术是用竹木根创造的艺术。自然创造了种种美妙的形象，但是需要有艺术修养的人去发现、去略加施工，然后才能成为一件有特色的艺术品，这种艺术品是独一无二的、自然创造的，因此它有特殊的价值。"根的各种形态是大自然创造的，在根雕艺术创作中，大刀阔斧地去改变原根的形态，重塑一个新的形态，就等于抹煞了根雕艺术独特的、鲜明的艺术个性，违背了根雕艺术创作规律。

根雕艺术创作只能巧借天然，在尊重根的自然美、顺应根的自然美、尽其根的自然美、表现根的自然美、创造和完善根的自然美原则下进行创作，因材施艺，贵在自然。如作品《天蒜》就是一块基本依赖于自然状态的根雕艺术品。离开了根的自然美也就无所谓根雕艺术了。根雕艺术家马驷骥先生论根雕艺术时说："由于根雕艺术作品受到材料形态的限制，不能像木雕那样自由地运用材料和刀法来塑造物像，只能借助于根的节子、疤、痕、瘤、须、皮、色和有韵律的体态以及多变的线条等自然特征，加之作者的丰富想像来进行塑造和雕琢，在似与不似之间表现对象。"因材施艺即是顺应根的自然形态、自然结构、自然线条、自然色泽，在不改变根的某些特征的前提下进行加工创作。有的根天生纹理非常美，打磨过重或上色过深则破坏了这种美；有的根象形时往往缺少什么，当人为补上它缺少的部分时，反而会画蛇添足；有的根象形时往往会多出一部分如疤、瘤、节子、须等，若人为地将其砍掉，而过分强调形的准确性，追求形象逼真，同样会破坏了根的自然美。

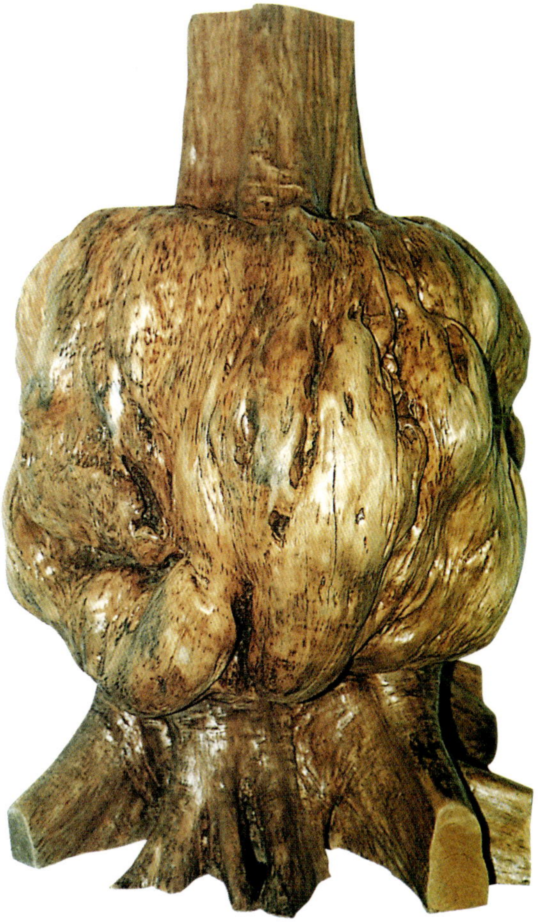

《天蒜》王福来

因材施艺的目的在于最大可能地不伤害根的自然美，使根的形态、结构、纹理、色泽获得最好的表现。贵在自然的另一层含义是"天缺人工补，人补天不足，补如自然同。"在根雕艺术创作中，人们采取一切加工手段使技术美与自然美协调一致，达到天人合一的效果。人补天不足的"补"，一是指根的形态有些欠缺，不补难以显示其自然美，而不得不采取的"加法"即拼接。二是指某些根在造型时"不减""不雕刻"就无法表达作者的立意或根的自然美得不到最好表现时，必须砍掉它多余的一切，实行"减法"也是"补"

意的最重要内容。在根雕艺术创作中后者比前者显得更为重要。“加法”也好，“减法”也罢，加减后的形体、结构、纹理、色泽要符合自然。根雕艺术中的“加”较之“减”难度更大，补根与原根的形态、纹理、结构、色泽难以天衣无缝，它不仅要服从作品形之需要，还要符合原根生长姿态。“减”的关键在于作者对加工的对象根中蕴藏的美的理解和把握的程度，胸有成竹才能落笔有神。因材施艺，贵在自然。在审根过程中要胸有成竹，晓之形意，形能传神。加工要顺其自然，造型要符合自然。只有艺术美和自然美和谐默契，才能创作出形神兼备的根雕艺术作品。

《梦石》徐谷青

这块完全自然形成的黄荆条根，像一尊真实的“顽石”，枯、漏、瘦、皱、透俱全，尽情展示了石之美。

3. 似像非像，形能传神

根雕艺术作品之形，由于受其天然形态的制约和限定，这个形往往带有不准确性和不完整性，但时常与人期望的似像非像之形不谋而合。在根雕艺术造型中，要善于捕捉其瞬间的、不明确的、典型的神态，且用高度的概括力和表现力来塑造这一神态，通过这一似像非像的具有一定神态的形的概念使作品形神兼备。

“形神兼备、以神为主”“妙在似与不似之间”，是中国画创作的主要原则。“似像非像，似是而非”的艺术形象在中国画上称之为“不似之似”。石涛先生倡导的“不似之似似之”的艺术形象，即艺术形象要追求像外之韵，而不拘于原物之形。这一传统的中国画原理对根雕艺术创作更为适合，它能较准确地传递和表达根雕艺术的艺术语言。在创作动物、人物及其他自然物体的根雕艺术作品时，巧借天然的似像非像、似是而非、似非而是之形，并采用一切可以调用的艺术手段，强调和夸大其神态。如作品《梦石》，有石的形态，无石的肌理。介于似像非像之间。根雕艺术作品《残荷》，似像非像残破卷曲的荷叶，在寒风中摇摇欲坠。作者正是用“以神为主”“妙在似与不似之间”的创作原理，巧借根形来表达自己的感受，抒发自己的情怀。

在根雕艺术创作中，画形容易入神难，妙在联想顺其自然，写万物之貌传内涵之神。在选根、审根、制作过程中不要被形所困、被貌所惑，要注重传神之形的塑造和表现。所谓形传神，即用似像非像、似与不似之形来传根雕艺术作品之神。传神之形不是照片式的重复，而是能揭示作品内在的、典型的特征，或在运动时瞬间所留下的最精彩、最有个性、最有艺术感染力的轨迹凝固点，并利用夸张和变形的手法等高超精湛的根雕技艺使其得到升华。仅仅只注意或强调作品的形全貌像，必将削弱传神之形的塑造和表现，使作品落入浅俗和一般化。给人感知像什么、是什么的根雕艺术作品因缺乏内涵和韵味而毫无新奇感。一看便知的简单模仿和再现，难以激发和调动观者的审美情绪，更谈不上引起观者在艺术上的共鸣。

根雕艺术是在一定空间对有形世界作明显的、摸得着的、视觉感受得到的美的造型的艺术，它虽然是不动的、静态的，但可以通过传神之形来揭示千姿百态、五彩缤纷的现实世界。一旦作品完成以后，这个形就成为固定的形，但这个形必须特别的精灵，且最能显示对象内在的、本质的美，从而实现传神之形的塑造，如女人的妩媚，男人的强壮；虎豹在捕猎时的凶狠，熊猫、大象在嬉戏时的憨厚；海的澎湃，河的湍急；柳的柔媚，竹的高洁，松的挺拔等。传神之形的塑造要抓住对象的本质特征，辅之精到的一丝不苟的加工。正如一幅画，其构思立意虽十分巧妙，但画面上有败笔、败色，必然会降低它的审美价值。根雕艺术作品光滑的表面、清晰自然的纹理、多变的线条、奇中求稳的构图、相得益彰的配座、巧妙的起名、恰到好处并不露人工痕迹达到天人合一的雕刻等，都可使这似像非像之形更为迷人、诱人、感人，最终达到传神之目的。

4．怪巧奇绝，追求个性

常任侠先生题根雕艺术时写道："天然造型，历史长久，奇根劲节，饱含寻光，造物赋彩，惟有识者，乃能衡量，略加修整，永作宝藏。"天然的根材，其怪、巧、奇、绝由人点化而成宝。这些形状各异的根，似像非像，结构多变，色泽丰富，线条千变万化，有的怪得使人难以置信，奇得天下无双。那些怪、奇、绝的根所呈现出的各种艺术形象，往往是很多艺术家梦寐已求而苦苦追求的形象，甚至超越了人们的想像，这正是根的艺术魅力所在。

根雕艺术"七分天然、三分人工"的

《残荷》徐谷青

《岁月》徐谷青

创作原则已被多数根雕艺术家认可，它基本确定了天然美与人工美在根雕艺术创作中的位置，根雕艺术中的怪、奇、绝主要来自天然，但也离不开人的发现和创作。

根雕艺术中的怪、奇、绝是指与众不同的奇特的东西，如离奇的形体、多变的线条、怪诞的色彩，以及天然的疤、瘤、节、痕、枯面、须根、表皮等，它们可使根雕艺术作品的某些形象或形象的某个方面不同于一般，从而被理解为某种出人意外的、不同寻常的东西，这种怪、奇、绝并不违反普遍的、通行的审美原则，而是出其不意地表现美的精髓。如根雕作品《岁月》，根体上“刀雕斧凿”的痕迹，象征着经年岁月的磨难。直立向上的身姿，显示着铮铮铁骨、傲视群雄的斗志。在根雕艺术创作中不要把怪、奇、绝同庸俗粗鄙混为一谈，而应大胆地运用艺术加工技巧和表现手法，在形态、结构、线条、色泽等方面来揭示根雕艺术的怪、奇、绝。

根雕艺术中的“巧”正如刘开渠先生所说：“对自然形态的根，还要作者发现和感觉它其中所隐藏着的作品形象，这里也要体现一个巧。就是说，既需要根材的巧妙，也需要人的智慧。利用根材巧妙的自然形态，再加上人的智慧和审美观点，这两种巧妙的结合，我看就可以成为根的艺术了。”也就是说选根要注意选择那些生得奇巧的根材；加工要妙，不露人工痕迹，宛若天成；起名要巧，恰如其分，意蕴深刻。

追求个性是指根雕艺术创作中其作品要有鲜明的艺术个性，世界著名雕塑家罗丹曾说过：“有个性的作品是美的，没有个性的作品是丑的。”著名美学家王朝闻也指出：“艺术家如果没有自己的创作个性，那么不论他的作品所反映的内容是如何重大，反映的知识多么丰富，其成果都不可能具有为其他艺术家的作品所不能代替的特殊的美和感染力。”从某种意义上讲，个性是艺术的生命！在根雕艺术作品中，艺术个性越显著，审美价值就越高，艺术感染力就越强。丧失了个性的根雕艺术作品会千人一面，流于一般化。

作品的个性首先来自于根雕艺术家的创作个性，它需要根雕艺术家对根客观现实的美有一种不同于其他根雕艺术家的独特感受，敏锐地捕捉那些打动人心的某种特殊美的东西，做出自己所特有的独创性的发现。这种创造性的发现，应不同于别人的感受，这样才能把自己创作的根雕艺术作品与其他根雕艺术作品区别开来，显示其独特的个性。其次要有独特的表现方法，即在顺应根的自然美的基础上采取一些独特又不同于别人的新的加工技艺，以及精巧独特的构思、立意，使作品获得不同于别人的独特表现。但是这种表现如果离开了对美的真实感受和认识，或违背了根雕艺术创作的规律，那么“即使追求形式上的与众不同，甚至企图‘惊世骇俗’，也会变成实质上的空虚、卖弄、矫揉造作。”

在根雕艺术创作中，不是忽略而是重视并致力于根的怪、巧、奇、绝的选择、发现及加工，才会使根雕艺术作品的艺术个性得到最好的表现。所以在根雕艺术创作的道路上，永远不要踩着别人的影子走，要走自己的路，并把自己的影子永远抛在身后，从而取得根雕艺术创作上的成功！

5．意蕴含蓄，题名精妙

凡成功的艺术作品，都离不开作品内涵美和一个含蓄的题名。绘画、雕塑、诗歌、散文、小说、音乐、摄影都是如此，根雕艺术也不例外。

中国自古以来在艺术创作方面，非常重视艺术品的含蓄性。如宋代皇帝赵佶酷爱绘画艺术，常用命题画的形式选拔人才。像“野渡无人舟自横”命题画，画得最好的画家是这样构图的：船夫躺靠在小船上，悠闲地吹着萧，随波逐流。画家对“无人”刻画得含蓄而巧妙，没有渡河人，船夫才能闲中取乐。像“深山藏庙寺”命题画，高水平的画家仅画了和尚在茂密森林的池塘里取水，从而点出庙“藏”其中，意蕴含蓄而深刻。含蓄的艺术作品总是耐人寻味，百看不厌。根雕艺术创作要在其含蓄性上下工夫，主要是通过作品的形象和巧妙的题名得到体现。如《一帆风顺》扁平的根体似迎风破浪的风帆，题名恰到好处。

根雕艺术作品的意蕴含蓄与其形象和题名密切相连，深刻含蓄的立意总是依赖于天然之形与人为加工之形的巧妙吻合得以体现，并通过精妙的题名得到进一步延伸。根雕艺术作品的意蕴含蓄不是凭空想象的故弄玄虚，而是顺其根的自然态势并充分利用根的怪、巧、奇、拙，对似像之形多少带点变形和反常的想象或加工而使其构思得以实现。所谓变形即在根雕艺术创作中有意识地改变(夸大、缩小或其他变化)所反映的现实中的对象的形状、结构、线条、色泽，就像画家用墨画荷写虾，通过色泽的改变去增加虾的灵性神韵和荷的清纯朴实，并以此将中国画和其他画种区分开来，让中国画独特的风格表露出来。所谓反常，即在根雕艺术创作中所表现的形象与现实生活中真实形象相比较时，常常不可思议，出人意料，正如列宁所说：“对通行的事物抱某种讽刺的或怀疑的态度，竭力把它翻转过来，多少带点歪曲，表明通常的东西不合逻辑。这是令人费解的，却是有趣的，同时也是含蓄的。”根雕艺术家常常利用变形和反常的艺术手法，使根的形象变得含蓄而朦胧。

根雕艺术作品的意蕴含蓄，不仅依赖于形象，更主要的是要通过题名得到最好的体现。刘开渠先生说：“根的艺术就是一个巧、一个妙。自然形象的巧加上人工雕琢的妙。尤其在题目上，一定要点出它的趣味，才能表现出美来。这种美要从它的形象上、题目上得到充分的体现。……作品的命名一定要含蓄一些，不宜过于直露。”题名是对作品进一步的艺术包装，若题名含蓄且点出了作品的趣味，那么作品更加耐人寻味。贴切、达意、合情合理的题名，能使作品锦上添花；太直、太浅、太露、平庸乏味的题名，反而会弄巧成拙，使好的根雕艺术作品落入俗套，趋于一般化。例如根雕艺术作品《荣府残宴》《阿里的拳头》《楚魂》《精彩表演》《中国第一云》等，因其题名切题达意、形象而含蓄，使作品的艺术性得到拔高和升华。就《荣府残宴》而言，一只残缺的螃蟹其本身普普通通并无惊人独到之处，但通过《荣府残宴》这个题名的点化，使人联想到荣国府骄奢淫逸、锦衣玉食的糜烂生活及杜甫的“朱门酒肉臭，路有冻死骨”的诗句，使普通的“蟹”一下子变得意味深长。含蓄的题名通常采用艺术中的“嫁接”手法使作品“活”起来，如似蟹的根雕艺术作品与荣国府“嫁接”，似拳的根雕艺术作品与拳王阿里“嫁接”，使作品的主题得到升华，增强了艺术感染力，使观者在欣赏中联想，享受到更多的乐趣。题名应始终以根雕艺术作品的形体为基础，也可以依形定意再题名，或意在笔先、据意题名后塑形。

《一帆风顺》徐谷青

五、加工技术

(一) 选　材

1.寻根

根材到处都有，关键是要做有心人，要有一双善于发现美的眼睛。当你出差、旅游、写生、垂钓、走亲戚时，随处留意可能会获得意外收获。

你可以到开山采石、筑路、建房施工现场寻找根材，也可到江河、湖泊、溪流中寻找，到花鸟市场或卖根的农户家去收购；还可根据需要定出树种和尺寸，向山里的林管站(所)或有采根经验的农民订购。到山区采挖根材，需征得当地林业部门同意，在不影响生态环境的前提下进行。

2. 采掘

(1)采掘时间：一般在树木休眠期进行采掘为宜。因冬季树木基本停止生长，树汁少，根材易加工及防腐防蛀，另外冬季大部分树木已落叶，采掘时可避免毒蛇和毒虫的伤害。

(2)采掘地点：最好选择石头较多的地方，如陡坡或悬崖峭壁处、沟壑、溪流旁、河塘湖畔、废旧埂坝及畜牧场或古老的残垣断壁旧址。这些地段由于环境多变和恶劣，树木正常生长受到阻碍和摧残，根部常奇形怪状，或缠绕弯曲、或嶙峋怪异。若在山中采根，宜选阴山低洼处。阴山光照少，树木生长缓慢，木质坚硬，有些树木难以成材，根干呈疙瘩状或匍匐扁平状，且易遭虫蚁啃咬而呈千奇百怪状。

(3)采挖：进山前需备好采挖工具，如镐、锯、剪、铲、锤、绳等。对采挖的根材，其露出地面部分要具有一定的根雕艺术价值，若不明了，可清除浮土进一步审视，若形体一般，便可弃之另选。确定挖取的根材，首先要清除根材周围的杂物，去掉根部萌发的小枝；然后沿桩周围广开槽(开槽越深越宽，越有利于树蔸的挖取且能有效地保护根材)，清除槽中的土石，使根部得到最大限度的裸露；再用刀锯截断根部，若用镐和山锄截之，要细心谨慎，避免根部撕裂。形体奇特或根部抱石而生的树蔸，采挖时要格外慎重，切不可猛扳硬拽、狠撬死扭。有些根抱石或嵌石不要急于除去石块，看可否巧用石块，借题发挥，化拙为奇。在形象不够明确的情况下，从某种角度上讲，根部留得越长、越多，根皮保护得越好，越有利于以后的构思造型。当然若在采根过程中裸露根体的形象已十分明了，就无需继续开槽再挖，应毫不犹豫地截取根材。

3. 要求

根雕艺术有别于木雕、树桩盆景及其他艺术种类。木雕主要依赖于人为的雕刻，对材料的形体要求是次要的；树桩盆景的桩体缺陷可通过其生长及绑扎造型加以弥补；而根雕的优劣主要依赖于原材料的好坏程度。根材一般，就是再高明的根雕艺术家也只能望而兴叹。好的根雕艺术作品一定要有好的原始材料，所以在根雕艺术创作中选材至关重要。根雕艺术重在选材，托物传情，借题发挥。选材要把握好四个字，即“形、质、古、奇”，形态要美，根质要好，细腻致密，坚固硬实。在选材上除注重树种的选择外，不可忽略其朽烂部位的紧实程度，朽烂部分要坚硬如铁。过于腐朽或材质松软的根材，加工制作价值不大。根材要古老，越古老的根材越具有丰富的内涵，

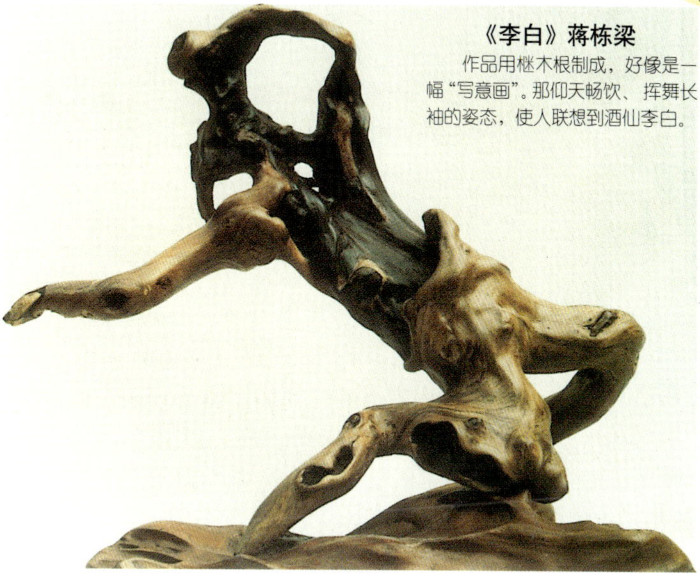

《李白》蒋栋梁

作品用樾木根制成，好像是一幅“写意画”。那仰天畅饮、挥舞长袖的姿态，使人联想到酒仙李白。

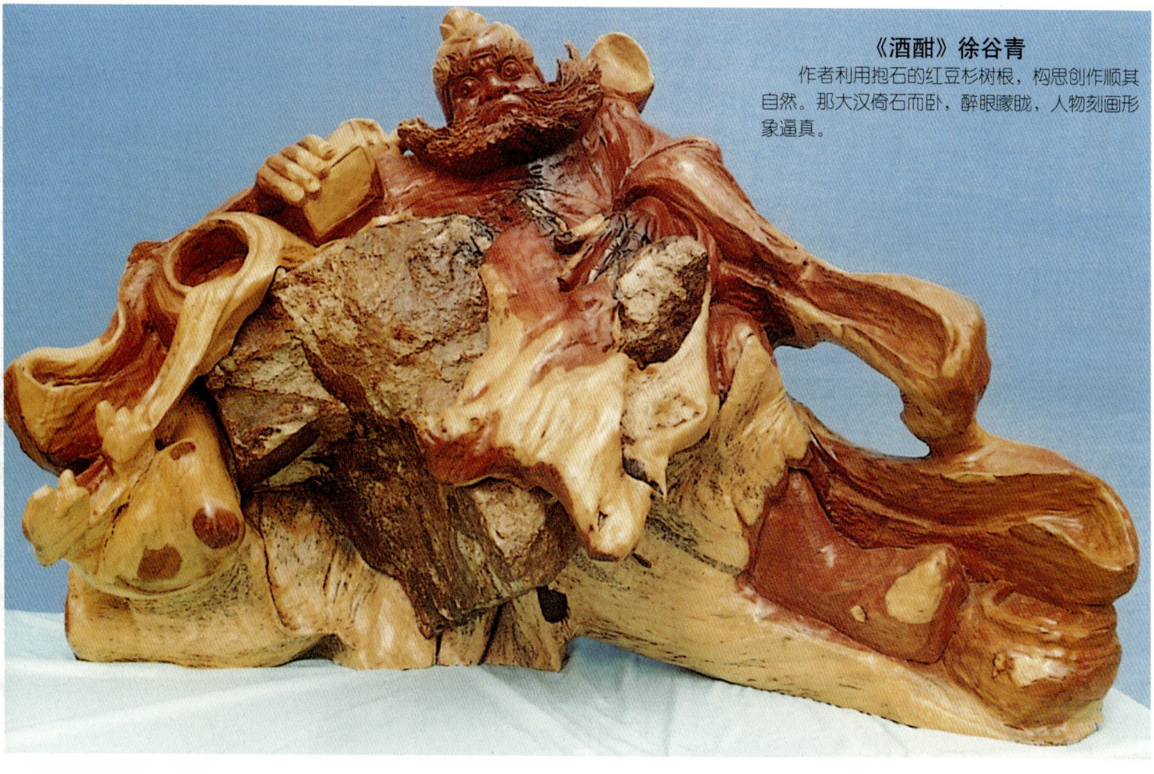

《酒酣》徐谷青

作者利用抱石的红豆杉树根，构思创作顺其自然。那大汉倚石而卧，醉眼朦胧，人物刻画形象逼真。

岁月能为其烙上各种美妙的东西，诸如疤节、瘤块、褶皱、空漏、残缺、异状等。如徐谷青的作品《酒酣》，是利用了树木的根部来立意造型的。根材要奇特怪异不同一般，无论是地下奇形怪状的根，还是枝上的瘤、盘旋的干，凡奇异的根木都可取而用之。一件根材不可能具备根雕艺术所有美的特征，只要在某一方面特别精美就足够了，如丰富多彩的纹理筋脉，神秘奥妙的瘤、疖、疤，或具象或抽象或意象。如蒋栋梁的作品《李白》，就是利用根瘤的特征表现了诗人醉酒的神态。

（二）构　思

1．立意

任何艺术作品的创作都需要构思立意，构思立意的好坏从某种程度上影响着作品艺术品位的高低。好的构思取决于根材的好坏，也取决于创作者对生活感受的深浅及知识面宽窄和文化修养的高低。所以根雕艺术创作者对生活观察要细，悟其真谛；要博览群书，对中外文化有一定的了解。根雕艺术创作构思要巧，立意要深，原材料的形与作者的立意要得到最好的契合，努力使原材料最美的部分得到最大限度的表现。唐代画家张彦远论书画之艺时指出：“意奇则奇，意高则高，意远则远，意深则深，意古则古，庸则庸，俗则俗矣。”根雕艺术创作亦基本相同。立意庸俗，好的根材也会做得庸俗乏味；相反，立意奇巧，往往能使一般化的根材做得耐人寻味、不同一般，达到平中见奇的艺术效果。如获第四届中国根雕艺术展金奖作品《出击》，其根材较为一般，由于构思精巧，一只狐狸迅速出击的形象栩栩如生；再如陈再米先生用松树瘤创作的根雕艺术作品《震惊世界第一云》，使根材的形态与作者的构思立意得到巧妙的契合，显得异常生动。根雕艺术的构思立意有别于其他艺术种类的构思立意，其他艺术种类的构思不受原材料的制约，

《出击》张仁繁

作品获第四届全国根雕艺术展金奖。一只狐狸正以飞快的速度向猎物扑去，作者紧紧抓住动物毛发在运动时倒向后侧及躯体运动时的特征，来表现一种速度感。

可自由地想象，而根雕艺术必须依据原材料固有的形态去构思立意，它始终受到原材料固有形态的约束、限制。所以根雕艺术创作对原材料要反复地、深入细致地观察，才能较为准确地进行构思，妙取其意，尽量减少因构思立意不妥带来的创作上的失误。

2. 审根

单一的根体，从不同的方面、不同的角度去审视它，往往有不同的形态、不同的内涵。王朝闻先生说："只有当艺术家在他实践活动中，对他所深切感受和理解了的对象的各种具体特征加以选择、集中、提炼、组合，才能选出一个能够充分显示对象的个性和本质的形象，即典型形象。"创作时应将即将加工的原始根材置于不同的高度，不断调整根材的角度，并对不同的形象进行反复比较和揣摩，找出最佳观赏面，即最典型的形象。这种典型形象并非要像什么、似什么，只要能使该根材最好的、最本质的自然美得到充分体现即可。审根要全心投入，并将主体意识渗透于根的整体中，但不受表面形态的影响，准确地把握该根的内涵，将该根最有个性的形象表现出来。

当然在审根、立意、造型过程中也不可忽略其他一些细节问题，如表皮利用、纹理的表现、置放稳固程度。此外，上色、雕刻、拼接等加工技艺的熟练程度也影响创意效果，有的作者擅长雕刻，有的擅长拼接，有的擅长上色。根雕艺术家对根材取形立意的艺术处理驾轻就熟时，便能使自己的创作意图得以实现。

3. 想象

想象是一切艺术创作的翅膀，大胆地、自由地想象才能张开艺术飞翔的翅膀。如李白的"抽刀断水水更流，举杯消愁愁更愁"；李商隐的"春蚕到死丝方尽，蜡炬成灰泪始干"；贺知章的"碧玉妆成一树高，万条垂下绿丝绦。不知细叶谁裁出，二月春风似剪刀"；李煜的"问君能有几多愁，恰似一江春水向东流"。诗人用大胆的想象来隐喻、表露自己的情感，他们的诗已成为千古绝唱。

在根雕艺术创作中同样需要尽情、自由、大胆的想象。王朝闻先生指出："在艺术构思的一系列心理活动中，中心环节是想象活动。""没有想象，艺术家就不可能使创作活动所需要再现的客观事物的感情特征的一切最微小的细节，都清晰地浮现在知觉表象中，从直接观照中把握事物内在本质。"想象对根雕艺术的构思十分重要。

在根雕艺术构思中，人们强调"重在发现"，而这种发现往往要借助于想象来完成，在审根构思中，可对似什么、像什么的朦胧体态与现实生活进行嫁接、移情、联系。如蒋栋梁先生的根雕艺术作品《贪》，一只似像非像之猫正咧着嘴，一双窥视的大眼正贪婪地死死盯着什么。再如徐谷青的作品《捕》，金蟾俯身的姿态，将伺机捕食得那一瞬间表现得淋漓尽致。想象有时又要借助于灵感，而这种灵感有赖于对生活中的事物瞬间神态的把握与理解，或受某种启示而触发艺术灵

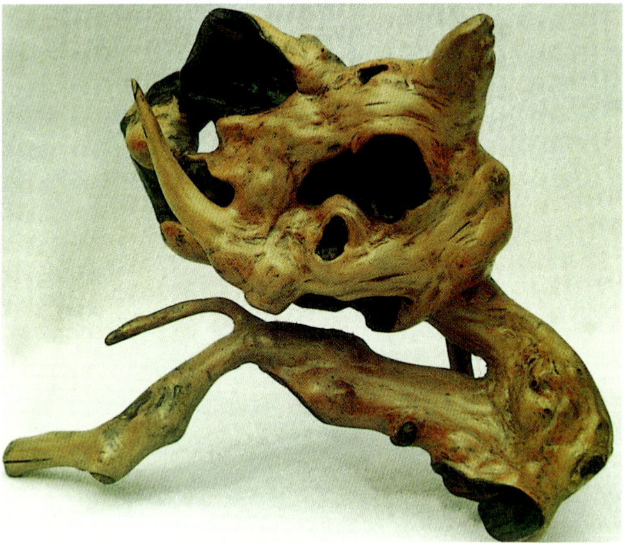

《贪》蒋栋梁

作者用夸张写意的笔调，再现了韩美林笔下的猫。硕大的头和失去比例的身体，增加了作品的趣味性。

感的火花，点燃想象的火焰。有位玉雕艺术家得到一块白玉石，其心夹黄，由于想不出好的立意而将其闲置多年，一次偶然机会，受小鸡出壳瞬间情态的启发，创作出《诞生》。作者巧用其色，化拙为奇，将白色雕刻为壳，鹅黄精雕成刚孵出的小鸡，作品异常生动。在根雕艺术创作过程中，如对一些奇特根材，一时想象不出好的立意，可将其放置一边，不急于加工，平时注意在生活中去寻找创作灵感，完成想象的使命，然后步入加工阶段。

（三）根材处理

1．截裁

构思成熟后，用色笔在截除部位画上标记，根据截除的粗细程度，选择粗料锯或细料锯锯切，细的根材则可用修枝剪剪除。其截口尽可能避开观赏面，且考虑根的筋脉纹理走向，以利于锯口的处理。裁截时去够留足，留有余地，底边要找好水平线，若是配底座还应考虑其结合部的连接固定。正面构图要生动富有变化，奇中求稳，底座的锯切要恰到好处。

2．除垢

根生长在泥土里、杂石中，其表面凹凸不平，尤其凹陷部常嵌夹泥土、石块，要小心剔除，以免伤害表面纹理。若石块嵌得过深，可将其轻轻击碎，用铁夹取出。泥土则可用竹篾签剔除，或置于水中浸泡，使泥土疏松后清除，也可用高压水枪冲刷。一些根材烂面常呈腐朽状，可用三角刀或钢丝刷沿槽及筋脉反复刷、刮，直到露出坚硬的木质部为止。在除垢的同时，剪除一些多余的细根、绒根和枝杈，清除沟槽缝隙中寄生虫、

《捕》徐谷青

作者利用一块疙瘩状槠木根，依形而雕。一只金蟾似乎发现了可口的食物，将头轻轻地贴着地面，唯恐惊动目标，准备偷袭。

卵等杂物。除垢一定要干净，一切多余的东西都必须清除，不留后患。

3. 防腐消毒

根材防腐、防虫蛀的最重要环节是去汁要净，消毒要彻底。有些好的根雕艺术作品，在数年内即遭虫蛀或霉烂、腐朽，或裂开、走形。尤其是鲜根，没有去汁消毒便制作为成品，更易遭此厄运。因操作方法和每人掌握的技巧及拥有条件等因素的不同，以及根材干湿度的不同或造型需要的不同，去汁、消毒应采取不同的方法。枯死根木可采取高温蒸煮消毒，或进一步阴干；鲜活根则可采取浸泡方法；若造型需要保留表皮的，则只能采取阴干的方法。常见的根材防腐消毒方法有以下几种：

(1)浸泡法：常见的浸泡方法是将根木原材料完全沉没水中浸泡。浸泡时间因材质不同而长短有异，一般要过一个夏季或一个冬季，然后取出置于干燥的室内充分阴干。浸泡池内最好用活水，凡水有异味或发黑的，要更换，否则影响材质和色泽。也有人用药物溶液或柴油来浸泡。

(2)蒸煮法：即高温去汁、消毒处理。蒸即将根木置于密闭容器内蒸汽熏蒸，气压的大小及熏蒸的时间视根木的体积大小而定。体积大的根木气压要高一些，熏蒸的时间要稍长一些。煮即将根木置于容器内浸没于水中，加温煮沸。体积大的根木煮沸时间要长一些。有条件则可利用锅炉蒸汽和工业余热进行蒸煮。

(3)其他方法：采用木材加工厂、家具厂的烘烤木料设备进行烘烤。也可堆积于室内阴干，但在南方的梅雨季节，要注意通风防潮。鲜活根可置于露天，待表皮干后再移至室内堆放。

(4)注意事项：有些根木其本身有防虫抗虫能力，则不必浸泡和蒸煮，阴干即可。一些根木腐朽面较大或已基本干透，也不宜浸泡和蒸煮。一些需要调整的根枝，应在干燥前牵拉造型；而一些较干的根枝需要调整，可在蒸、煮、泡时趁干枝软化进行造型。灭虫可用药物溶液浸泡，也可用塑料袋套罩，并在袋内置入药物熏。

4.除皮

绝大部分根需要去皮，使根木的纹理、色质得到充分的体现。但有些根雕艺术作品需巧借表皮来装饰衣物、毛发、靴、帽、裙等，使肌体与装饰物形成鲜明对比，如杨向龙的作品《相约》和张仁繁的作品《舞》。一般去皮有下列方法：

(1)浸泡法：有些根木较干燥，表皮已脱水与木质部贴得非常紧密，很难去皮，可将其浸入水中浸泡数日，待表皮基本松软后取出，用金属器具或篾扦剔刮。金属器具不宜过于锋利，以防伤害木质部的纹理。面积较大的根木浸泡取出后可用木锤反复敲击表面，表皮和木质部脱离后再剥离。

(2)水冲法：有些根木表面凹凸不平或有刺状物，去皮极其困难，可用高压水枪反复冲刷。一些难以去皮的材料，可在浸泡、蒸煮后乘其表面松软时进行冲刷。

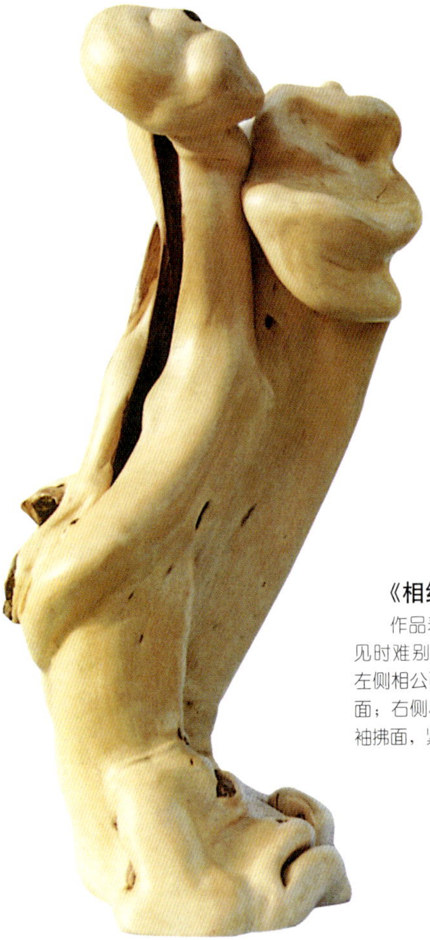

《相约》杨向龙

作品表现了恋人之间相见时难别亦难的一种情形。左侧相公两袖操后，挺胸侧面；右侧小姐十分害羞地用袖拂面，紧依相公。

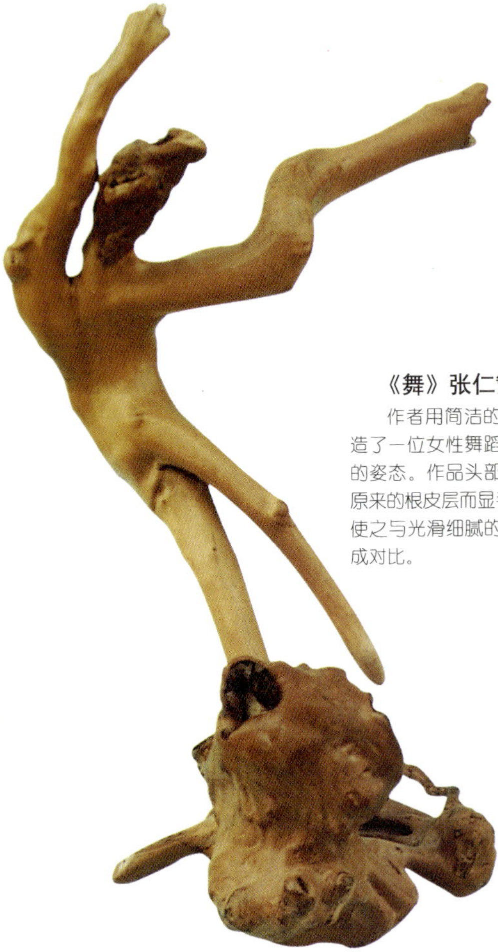

《舞》张仁繁

作者用简洁的手法塑造了一位女性舞蹈时瞬间的姿态。作品头部保留了原来的根皮层而显毛发感，使之与光滑细腻的肌肤形成对比。

水冲法不易伤害根木的纹理，是一种十分可行的好方法，但水压一定要大，否则难以除去表皮。

(3)鲜剥法：采集的新鲜根木，由于表面水分充足，表皮极易剥离，但剥离后木质部充分裸露，水分蒸发较快，容易干裂。所以新鲜根木表皮剥离后要用湿布将其缠裹，置于阴凉通风的室内保存阴干。也可将新鲜根木置于室内晾数日，待表皮有明显皱褶时，再进行剥离。剥皮后的根木应避免曝晒、烘烤、风口急吹，以免木质部裂开。

(4)机剥法：表皮越厚的树种越易剥离，而像紫薇、榉木等表皮较薄的树种则难以剥离。还有一些根木，表面凹凸起伏，皱陷很多，千疮百孔，外形变化多，去皮较为困难，则可在根材完全干后用喷砂机或滚砂机去除表皮。

（四）雕　琢

1. 意义

根雕艺术主要以表现自然美为主，人工美为辅。凡可雕可不雕者，则不雕；凡根木材料有缺憾不雕不成器者，则可借雕琢的方法来弥补，但仍以根木天然形态为主。如徐谷青的作品《探路》，将其天然形态加以利用，表现顽猴的机灵活泼。另一种雕琢是为了消除根雕艺术加工过程中裁截留下的痕迹使其自然。木雕主要依赖于人为雕刻来达到造型的目的，根雕则是通过根木的自然体态略加人为雕刻来完成造型。从价值角度讲，著名根雕艺术家屠一道先生指出："《鹰擒蛇》根雕艺术作品评定价在四十万元港币，《梅雀争春》五万元，这都是以宝定价，高于木雕不知多少倍。木雕的价值属于加工的价值即工艺品的价值，而根雕艺术是以宝定价，任何高超技巧，不能创造根的纹理，根的皮壳层(外皮剥掉后的第二层)，这皮壳层为纤维结构，比较细腻和坚韧，特别光滑，它是根雕艺术的重要特征。"刘开渠先生指出："我认为根的艺术是一门奇、巧、妙的艺

《探路》徐谷青

作品顶端一只猴子正向远方窥探，根基部一猴向上张望，上下呼应，一气呵成。

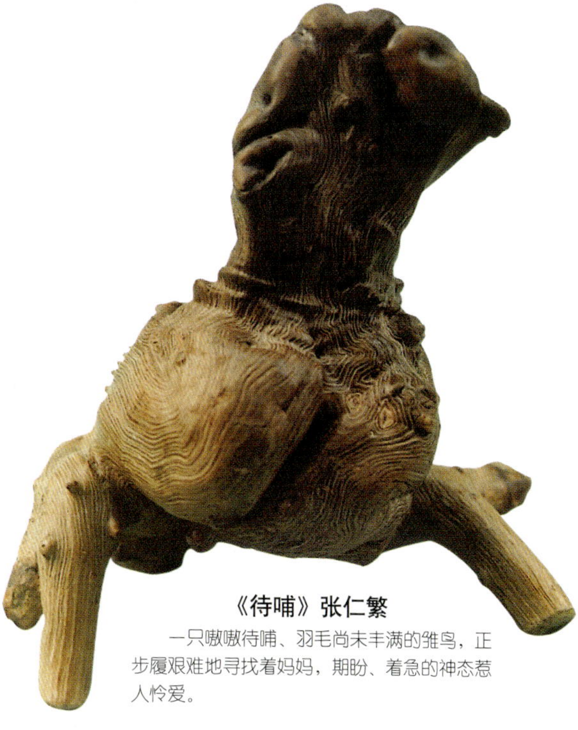

《待哺》张仁繁

一只嗷嗷待哺、羽毛尚未丰满的雏鸟，正步履艰难地寻找着妈妈，期盼、着急的神态惹人怜爱。

术。……这种作品要是完全由我们雕刻而成，那就等于采用了我们雕塑创作的一般雕刻方法，而形成大体是雕刻出来的雕塑作品了。我认为根的艺术作品，应该是七分天成，三分人工。”但这三分人工包括了构思、打磨、着色、题名等，并非三分雕刻。所以在根雕艺术创作过程中以少雕琢为好。若遇到有些根木不雕不成形，非雕不足以显其自然美，不能够掩饰其缺陷，则必须采用雕琢的方法来弥补，即天缺人工补，人补天不足。总体上讲，在雕琢的过程中，要顺其根木形态的动势、筋脉巧妙进行，使雕琢部分与未雕琢部分浑然一体，衔接自然，过渡合理，相得益彰。雕琢时要善于创造，巧夺天工创造自然美，虽由人做，宛若天成，如张仁繁的作品《待哺》，就是利用其天然形态制作而成的。

2. 要领

依据根木的自然形态、质地、色泽以及材料上的筋脉、纹理、皱褶、崎岖、枝杈凹凸、孔洞、瘤块、疙瘩、缠绕等进行赋意构思，巧用自然。无需精雕细刻的根雕艺术作品只要消除人工痕迹，以观者看不出人工截除痕迹即可。这种雕琢要模仿其材料自然特征去进行，或凹凸不平，或缠扭，或光滑圆润，使雕琢部位与该材料自然形态融为一体。有些根木形象过于朦胧，需局部加以点化雕琢，完成形象的显现，这时就要求精雕细刻，而这种雕琢常用浮雕的方法。有的根木不雕不成形，则需将局部形状、特征雕出，此类根雕艺术作品绝大多数只雕出形象最明显、最有特征的部位，如头部、面部，或腿、脚、尾等。如陈琰的作品《憨》只雕刻出头部。此种雕琢一定要依照根木的自然形态、纹理筋脉、枯烂面等进行，使雕刻部位与根木整体呼应，一气呵成，避免生硬刻板、牵强附会。

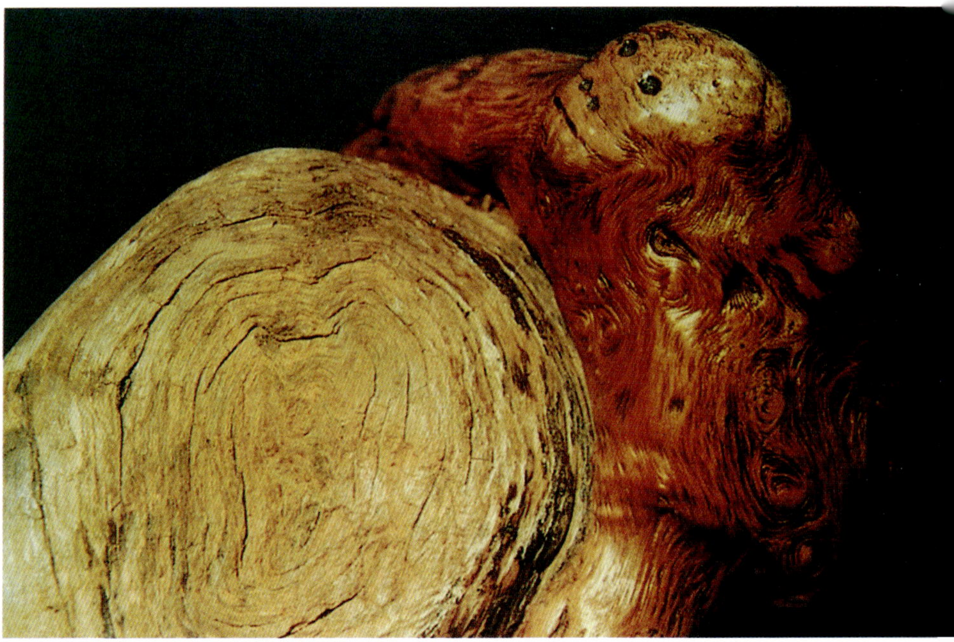

《憨》陈琰

一只猩猩在推动巨大的石块，其憨厚、可爱的形象被刻画得栩栩如生。作品构思新颖，造型独特，具有鲜明的艺术个性，获首届中国根雕艺术展银奖。

着色上漆最忌厚重或大红大绿及胭脂色，杜绝匠气，力避俗气和洋气。文艺复兴时代意大利画家涅罗尼说："颜色是一切崇高艺术的敌人。它是一切准确和完整形象的敌人，因为通过颜色所见之形，只好像众色杂陈罢了。"根雕艺术贵在以形写神，求其自然，一切漂亮的色彩对根雕艺术来讲都是多余的。

2.方法

1)本色：所谓本色即用涂油或打蜡等手段，还其原色。本色清新淡雅，不失根木天然纹饰，生动自然，根味浓，简洁大方，且操作方便，非常适合根雕艺术语言表达。这种着色方法已受到越来越多根雕艺术创作者的青睐。如徐谷青的《歇》、张仁繁的《跃》都是用本色处理的。

(1)涂油：作品磨光后充分晾干，最好选择干燥季节或晴天，用无色透明鞋油或核桃油涂其表面，并反复用干布擦拭，使油浸入木质部。擦的次数越多，作品越光洁锃亮，根木纹理越清晰明显。也可在涂油前用取暖设施和吹风机预热后涂油擦拭，效果更好。也有人将作品浸入机油浸泡数小时，再晾干后擦拭。

(2)打蜡：将白蜡或地板蜡熔化后涂其表面，也可用汽车蜡喷涂周身，待晾干后用干毛巾或布料反复擦拭。还可直接打蜡，再用吹风机均匀地吹烘，待蜡熔化后被吹的木质部热了，熔化的蜡极易浸入，待凉后用干布不断地、反复地擦拭，直到满意为止。

2)浅色：有些作品本色过于轻浮或色调不够均匀等，但又不愿着色过重，淹没纹理，此时可上浅色，效果很好。

(1)色料：一般浅色色料，选植物色为好，因为植物色透明度高，附着力强，配色时不易脏。而矿物色颗粒粗，附着力差，配色时易脏，不宜选用，只是上深色时才少量选用。常选用的色料为：国画植物色、松烟墨，以及用栀子、红树皮、陈茶、五香瓜子等制作出来的色料。栀子形似橄榄(有平地栀子和山栀两种，山栀出料多，药店有售)，用锤击碎用清水浸泡三四日，液体呈黄色。将红树皮(泰国进口树皮)碾碎加水煮沸数小时，其液体为红色。陈茶或红茶、五

《歇》徐谷青

一只奔跑的鸵鸟歇了下来，张开双翅享受凉风。那和鸵鸟赛跑、恰似走兽的"对手"已是筋疲力尽，张开大嘴贪婪地呼吸着空气。作者对原材料黄荆条根采取本色处理方法。

4. 胶合

为拼接牢固和消除缝隙要进行接面胶合，常用的方法是用胶渗入锯木粉，调好后，磨压相交面。纯胶不能吸收漆和色，木粉则能吸收，使颜色趋于统一。木粉最好选用同种材料锯磨下来的粉末。大面积胶合可用透明白乳胶，胶合面较小或受力部位的黏合可用硬度较强的环氧树脂胶。胶合未干时不宜晃动，可在胶合未干时用绳、带固定，待干后拆除。像作品《飞天》，胶合面较小，就要特别注意使其牢固、稳定。

5. 修饰

拼接后的形体往往不能完全吻合边角线，需要借助雕琢的方法加以修饰，使相接处衔接一致，消除人工拼接的痕迹。

（六）磨　光

1. 基本做法

作品完全定型后，用木锉刀将雕刻、拼接、锯切后留下的人工痕迹锉平、锉光，然后再进行机械抛光或人工磨光。切忌死磨硬磨或均衡一致，而应酌情处理、区别对待。有些造型有意识追求一种粗犷的美则不宜细磨，让其粗糙而达其意；有些需表现女性肌肤细腻、白皙、光滑和圆润的，则细磨。又如朴树等去除表皮后特别光润，则无需锉、磨，只要用旧砂纸稍加打磨即可。另外有些树种去皮后表面的纹理特别精美，则不宜磨光。总之磨光要以不伤害木质的纹理为前提，消除人工痕迹为目的，使作品更加自然优美。

2. 打磨

打磨可用机械抛光，亦可人工磨光。机械抛光可采用喷砂机或滚砂机及自制抛光设备。人工打磨主要用不同粗细的砂纸由粗渐细进行反复的摩擦。一些凹陷或深穴部，可将砂纸撕成小块绑在小棍上进行打磨。打磨最好沿木纹纵向走势进行，粗纹、深纹重磨，纹理过细用布反复擦。最后抛光阶段可用水砂纸蘸肥皂水或洗衣粉溶液反复摩擦，也可结合着色摩擦抛光。

（七）着色上漆

1. 意义

根雕艺术作品着色上漆不仅有利于防腐、防虫蛀、防尘埃、保护木质部，还能通过着色强化作品的艺术效果。有些作品的根木截面其心部颜色较深，边材较浅；有些拼接材料与整体不够协调；有些接缝和裂纹用腻子填塞后颜色有明显的差异；有些作品颜色需要深浅分割形成对比等，这些只能借助着色上漆加以解决。根据材料和立意的需要，采取不同的着色上漆方法，可本色，也可浅色或深色。

相近的树种，色彩要基本一致，纹理筋脉基本相同，体形、外貌协调统一。天然根某些部位的形象、比例，往往显得不尽如人意，缺乏神韵感，拼接可弥补其不足，但拼接材料的大小、长短、弯曲程度、力度感等应恰到好处，使主体造型锦上添花。如果拼接材料不自然，就会画蛇添足。

3．拼接

根据不同的材料可采取不同的拼接方法，只要拼接得自然、牢固即可。凹陷部位可塞接，凸出部位可采取靠接的方法，也可对接。为拼接牢固，可用电钻在接面分别钻眼用竹篾扦嵌入牵拉固定。接面要锯得平整，阴阳相合，可沿其缝隙反复锯切，直到两者接合紧密为止。接面的位置要尽可能避开观赏视线，置于阴暗面。

《飞天》陈琰

作者用清新、简洁、独特的表现手法再现了敦煌壁画中飞天的形象。人物造型自然，极富飘动感。恰似云彩的底座，与人物珠联璧合、相得益彰。

《冲出亚洲》陈琰

作品右侧人物为非常难得的整体根造型，运动员上部重心向前倾，一脚向后高高扬起正准备射门，人物与球紧密相关。作者富有新意的创作使难以表现的现代生活场景在根雕艺术中获得了成功的表现。

3．方法

(1)打粗坯：即用雕刻工具将造型对象的轮廓雕刻出来。首先将雕刻材料底部弄平，置于打坯的台凳上，再用色笔将雕刻部分的轮廓描绘出来，根据造型对象的需要，采用定位分面法打坯。先找出雕刻对象的最高点，组成一块平面，将块面以外多余部分削切掉。再找次高点，按平面定位法进行第二次削切，直到作品雏形基本显现出来为止。打坯要注意下列问题：雕刻材料要充分干透，否则雕刻后极易产生裂纹；雕刻刀不宜直入木质部或过深，以免拔刀困难或边沿木质部裂开，用刀劈斜且顺木丝镂逐渐削切；把握好总体造型，由表及里循序渐进，切勿局部精雕，避免总体造型的失控；打坯要惜木如金留有余木，以便调整。

(2)细雕：首先观察粗坯各个部位的比例、位置是否合理，然后将粗坯留有余地的部分雕刻到位，再细雕各个部位。雕刻握刀要有力且稳，准确把握雕刻力度，并根据雕刻和表现形式需要而选刀。凿刀要锋利，用刀酣畅洒脱，不拘谨，可平推直进，亦可横向雕镂，还可逐环回旋，根据需要灵活运用。细雕尤其要注意质感的塑造及力度的表现，柔则柔，刚则刚。刀触要准确、稳健，富有艺术表现力。总体雕刻造型完毕后，再局部修整。细微之处可三指执刀，谨慎稳妥地操作。

4．修饰

雕刻完毕后的修饰，也是作品体现神韵、表现情感的最后阶段的刻画，诸如眼角、嘴角等微妙处理要透，把握要准，要细到位。修饰可根据造型需要，该留刀触的其刀触应遒劲有力，该修光的部位则圆润光滑。

(五) 拼　接

1．意义

根木在生长过程中形成的不同的疤、瘤、节等，以及它在象形过程中的似像非像性、残缺性、不合理性，使根雕艺术的创作规律和其他艺术区别开来。根雕艺术中的拼接和雕刻一样，是一种加工手段，可使艺术创作更加灵活和自由，使造型获得最好、最圆满的艺术效果。拼接要遵循根雕艺术的创作规律，不被“形”“貌”所困，贵求神韵，顺其自然。但有些具象的根雕艺术造型，某些最关键部位缺少了非常典型的东西，则应大胆拼补。如根雕艺术家具、几架的制作，必须通过拼接的方法来完成；有些需要配底座的根雕艺术作品，也离不开拼接，如陈琰的作品《冲出亚洲》，即通过巧妙的组合拼接而成。

2．配料

要达到配得巧、接得妙，虽由人做、宛如天成的艺术效果，首先要严格配料。因为不同的根木呈现不同的颜色、不同的肌理，即使是同一种树材，由于生长环境的不同，生长年龄的长短，受害程度的大小等因素，形成了体态和表面形式的巨大差异。所选配料应与主体造型的材料质地基本相同，最好选同一树种或质地香西瓜子壳分别置于清水中浸泡数日后再分别煮沸，其液体为棕色和咖啡色。夏季制作的色料存放时间过久容易变质，所以色料最好现做现用，亦可在色料中浸入少量冰片，防止变质，然后根据需要配色待用。

(2)着色：根据作品的大小或颜色深浅的需要采取浸泡、浇灌或用大号油画笔涂刷，湿时色深，干时渐淡。用墨色要慎重，切不可一次过深，否则难以减淡。若着色过深，可趁未干时用清水洗刷。若色相和色的深浅把握不准可在同种树材上试涂，待干后比较。着色宁淡勿深，最好不要一步到位，可采取分涂法，即干后再涂，再干再涂，这样着色沉稳、透明度好。一些需调色的，也可采取分涂法，先根据材质的深浅打底色，再罩其他色。着色完毕后晾干数日，再涂油或打蜡。

3)上漆：上漆是在着色面上加漆，而不是涂油打蜡，并有深浅之分。古铜色沉着典雅，古色古香，但对根雕艺术作品纹理的表现较本色或浅色要逊色许多。一般人工痕迹过多，或木质过松，或纹理不美，或追求古朴雅致的艺术效果，均可采用上漆的方法。目前上漆有两种颜色，一种是黄褐色，一种是古铜色。徐谷青的《非雕不成品》即为上漆的根雕艺术作品。上漆方法如下：

(1)打底色：作品磨光后，用硫酸亚铁(白色粉末，化工店有售)溶液遍涂，小件则可浸泡，再用清水洗净，以统一色调，干后涂黄色栀子汁，再干后涂红树皮汁(若漆褐黄色，红树汁里加入适量黄色；若漆古铜色，加金黄红、大红和松烟墨，加墨多少视原材料深浅及吸收能力而定)。若底色浅白必须涂硫酸亚铁溶液，底色深可免涂。

(2)配漆料：主要原料为山西产的生漆片(虫胶)、蜂蜡、石蜡或白蜡烛、松节油。将蜡置于坩埚里，用火熔化后加入50%的松节油，夏季少加，冬季多加(松节油易燃，特别注意防火)，充分搅拌，调成糊状软蜡，稍温时加入50%~60%的生漆再次调匀，若太厚可加松节油调稀。

(3)上漆：由于树材吸色强弱差异甚大，可在底色木面遍涂松节油和调稀的软蜡，干后用布、竹帚反复揩擦，然后用油画笔蘸取配置好的漆料上漆，漆干后用干布揩擦漆膜或用刷子刷，刷上蜡后用干布揩除。待晾干后用竹帚、硬蜡周身涂刷，再用干布擦，直到满意为止。

《跃》张仁繁

一条白鳍豚从水中跃出，溅起小小的浪花。作品用本色处理，使根的艺术语言更加凸显。

《生长的声音》徐谷青

《非雕不成品》徐谷青

一块疙疙瘩瘩的根段，似乎缺少美的外表，但经过局部雕琢点化，便具有了生动鲜明的形象。

(八) 其　他

1.配座

配座是根雕艺术创作的重要环节之一，其巧拙与否，极大地影响着根雕艺术作品品位的高低，同时还起着固定作品使其放置稳定的作用。人们常说制作难，配座更难，难就难在底座的高低、大小、体量、宽窄、形态要与作品默契相合。有些根雕艺术作品制作完毕后，需要花几年的时间才能相中得意的底座材料。配座有两种情况：其一,底座只是为了固定作品，使之显得更加鲜明和突出；其二，底座与作品密切不可分割地连为一体。配座有两种形式：其一，用自然根做底座；其二，用规则式根木做底座。底座与作品的连接,可根据作者需要，或固定，或能自由卸装，或随时摆放。固定式即指有些根雕艺术作品与底座浑然一体,且大小适宜。自由卸装式即指某些根雕艺术作品过大，不宜包装外运，其结合部可选用金属固定设施加以连接，且能随时拆装。摆放式即指某些根雕艺术作品无需与底座自然衔接,用平板式、台式底座置放即可，如张仁繁的作品《达尔文》。配座的关键是要使底座与作品自然得体，对比强烈，构图生动。

(1)自然得体：所配底座与作品要有内在的必然的联系，而不是毫不相干，协调统一才能给人以美感。这种“联系”来自于对所造型对象的一般栖息地或生长环境及人们乐于陈设形式的细心观察。一般鸟类喜栖在树上；兽类常奔走在起伏的山冈、岩石之间；鱼类总是在水里遨游；花木或长于露地，或植于盆钵，或插入瓶器内。有了这种“联系”，配座才能贴近生活，符合自然。

(2)对比强烈：底座与作品除需要内在联系外，还需要有一定的反差，即对比性。一般情况下反差越大，对比性越强，其艺术效果越好。作品繁杂，底座趋于单纯；作品整实，底座趋于虚巧；作品细腻，底座趋于粗犷。一般

《达尔文》　张仁繁

作者只雕琢眼、鼻、嘴，保留了刺状体以替代胡须和毛发，使人物显得真切自然。

情况下，鸟类配座较高且体量大，走兽配座扁平而体量小。底座大，作品则小，小作品往往配大底座。从色泽的对比角度上讲，一般底座色深于作品，以增加作品视觉上的稳重感。

(3)构图生动：配座如国画中的题跋和印章，起着丰富和烘托画面、深化主题的作用，这个“配角”应始终围绕“主角”去做文章，切不可喧宾夺主。如蒋栋梁的作品《母子骆驼》，底座是一非常自然的疙瘩根块。生动的构图依赖于抓住主题与配座最佳的默契点，使之彼此呼应，一气呵成。可在确保放置稳固的前提下，最大限度地夸大底座外轮廓线的起伏和变化，用不等边斜三角构图造势，险奇中见平稳。

总之配座要切题、入调，既稳又巧。一些不宜配自然座的，可择配四方形、圆形、单片形、长方形、三角形、菱形、多边形、柱形、台形、花瓣形、云状或

《母子骆驼》　蒋栋梁

作者利用檀树的自然形状塑造了母子骆驼形象。小骆驼紧紧依偎在母亲的怀里。骆驼的外表不上漆也不着色，保留了根本来具有的朴实美。

底座　徐谷青

这是一个平台底座，可置放根雕、盆景、古瓶等。不规则的外形结构和丰富多彩的肌理疙瘩，都给人以清新自然、朴实的感觉。

不规则形。配座与作品忌大小体积等同、头重脚轻、摇晃不稳、呆板迟滞、臃肿庸俗。

2．题名

根雕艺术作品朦胧的、含蓄的、抽象的艺术形象，往往需要借“名”来点化，来升华。好的题名能引人入胜，使人遐想。题名要巧，巧得贴切，巧得含蓄，使观者听到弦外之音，悟到画外之意。如徐谷青的《戏荷图》，作者没有直点其名，

《荷香》蒋栋梁

作品取材于枯烂如铁的黄荆条根。作者对底座及鱼尾的处理颇费心机，轻盈摆动的鱼尾和轻轻飘荡的水草，尽情表现了荷香六月鱼儿在水中逍遥自在轻盈漫游的神情。作品获第四届全国根雕艺术展银奖。

《戏荷图》徐谷青

作者利用根桩上的细根作荷茎，把上部膨大的根体雕刻成鲤鱼和一展开的荷叶，其精心构思和恰到好处的雕琢，使普通的根桩价值倍增。

而是借映日荷花别样红、莲香四溢的季节，表现鱼在畅游。人们常用写实的手法和隐喻、抽象、浪漫的手法题名。写实的手法主要根据作品的形象、动态来题名；隐喻、抽象、浪漫的手法主要根据作品某一特征，用典故、传说、神话、寓言、诗、词等来题名，如张仁繁的《呐喊》，程本林的《虎风狮威》。根雕艺术家要善于从根的外表发现根的内在美，将作品引申到更高的耐人寻味的艺术境界。

3．保存

根雕艺术作品不像树木盆景那样具有生命现象，而是静态的、固定的、无生命的。但由于它的结构为木质，容易裂开、腐朽、虫蛀，往往一件好的根雕艺术作品会因忽略了存放保护而前功尽弃。

要使根雕艺术作品能很好地保存下来，最主要的是在制作加工前根材的去汁、杀虫、消毒要干净彻底，充分干透，然后才是防湿、防暴晒、防霉变、防裂开、防虫蛀。

(1)防湿、防霉：根木受潮容易滋生多种病菌而腐朽，尤其是没有上漆的根雕艺术作品，不能常淋雨或常用潮湿布揩擦灰尘，更不要长期置于地上。在南方梅雨季节时，由于空气潮湿，最好将根雕艺术作品置于通风凉爽处。若根雕艺术作品置于木箱等容器内，或是低凹的一楼和平房，飘浮的水蒸气极易在物体表面附着凝聚而导致霉变。梅雨过后南方有晒霉的习俗，此时应将根雕艺术作品移置露天荫蔽处晾干，再根据需要用竹帚、棕刷、毛刷、干布擦除霉迹，若是本色可再涂一层油。

(2)防晒、防裂：制作好的根雕艺术作品，若裂纹纵横就大大降低了其观赏价值和经济价值，同时也很难修复。根雕艺术作品裂纹的产生有三种情况，要么原材料不干，要么晒裂或吹裂。避免根雕艺术作品裂开要注意三点：一，材料不干不加工；二，避免阳光直晒、暴晒，尤其是在赤日炎炎的夏季；三，盛夏和干燥的秋季，避开风口急吹。一些易裂树种可用袋子罩、套，或用布缠裹，或在室内置水、养花，以增加空气湿度。

《呐喊》张仁繁

作者利用根本来具有的形态，表现了动物在发怒时的形象特征。那硕大的嘴巴正在咆哮、呐喊。

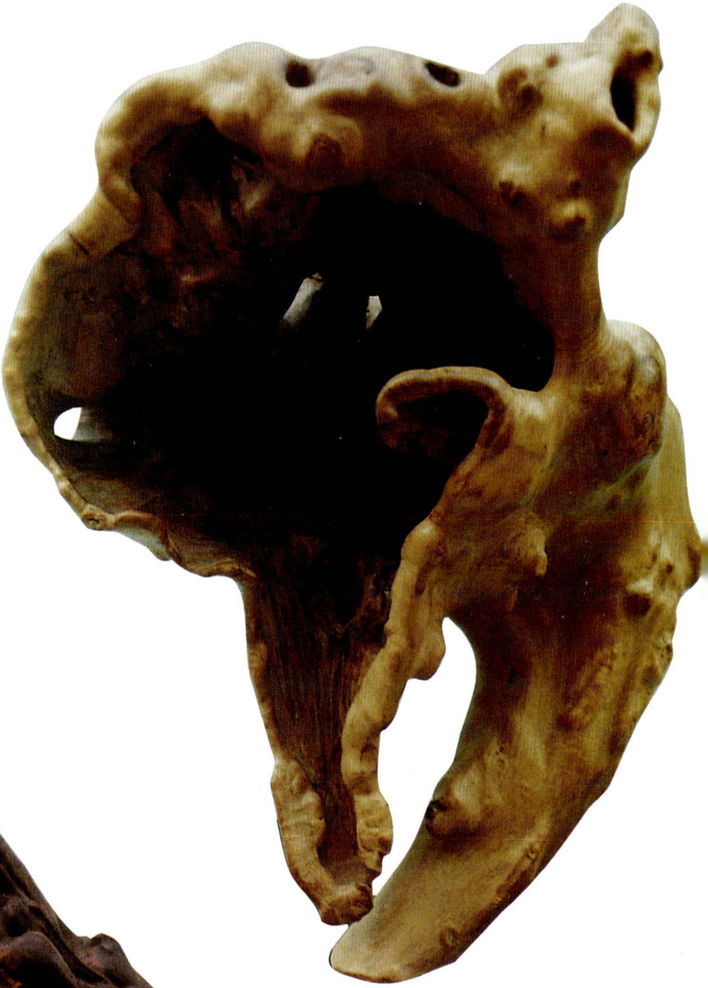

《虎风狮威》程本林

作者利用根的固有形状，用夸张的手法表现了某种动物凶狠无比、愤怒到极点的形象特征。它怒发冲冠每块肌肉似乎都充满了愤怒的力量。

（九）根材分类

中国幅员辽阔，寒、热、温带都有，适合很多种树木的生长，号称“世界园林之母”。因此根材极为丰富，品种繁多。

根材有三个方面的讲究，即形状、质地、纹理。形状要求古怪、奇异、根味浓；质地要求坚硬、严实致密、耐腐耐朽；纹理要求细腻、清晰且丰富多变。形庸或质地疏松的根材不宜选用。根的质地虽好但形庸凡俗，创作出来的作品其欣赏性和经济价值较低，费时费工，意义不大；根形虽好，但质地疏松，易朽易烂，不易保存。传统根材树种主要为檀香、紫檀、樟木、松、竹、藤、黄荆、榕树等。目前常用的根材树种有：

1．杂木类

檵木、黄荆、赤楠、榔榆、三角枫、黄杨、鹊梅藤、榕树、铁杉、金钱松、龙眼、榛木、防枫、老君、紫香、椴木、桦木、榉木、冬青、桐树、楠木、梨花木、红木、小树瘿、柞树、国槐、朴树、白檀、榉树、版纳羊蹄甲、小叶鼠李、紫穗槐、鹅耳枥、白刺等。

2．松柏类

黑松、马尾松、黄山松、华山松、罗汉松、圆柏、刺柏、竹柏、卷柏、侧柏、矮紫杉等。

3．果木类

柿树、苹果、枣树、枇杷、麻梨、石榴、杏树等。

4．花木类

紫薇、杜鹃、桂花、海棠、春梅、山茶、油茶等。

5．蔓木类

扶芳藤、山葡萄、猕猴桃、香花崖豆藤等。

6．其他

浪木(长期闷泡在水中然后浮于水面的根木)、阴沉木(长久埋入水底烂泥中的根木)、竹根等。

(十)工　具

(1)刀凿类：斜刀、平刀、三角刀、钩刀、剑刀、圆刮刀、平刮刀、锯齿刀、长颈圆刀、圆凿、角凿、平凿等。(图 1)

(2)锯锉类：手锯、握锯、刀锯、弓锯、圆木锉、扁木锉、三角木锉、钢皮锉、油石锉、木砂纸、水砂纸。(图 2)

(3)锤、刷类：奶子锤、木锤、橡皮锤、斧子、钢丝刷、铜丝刷、毛刷、竹篦刷。(图 3)

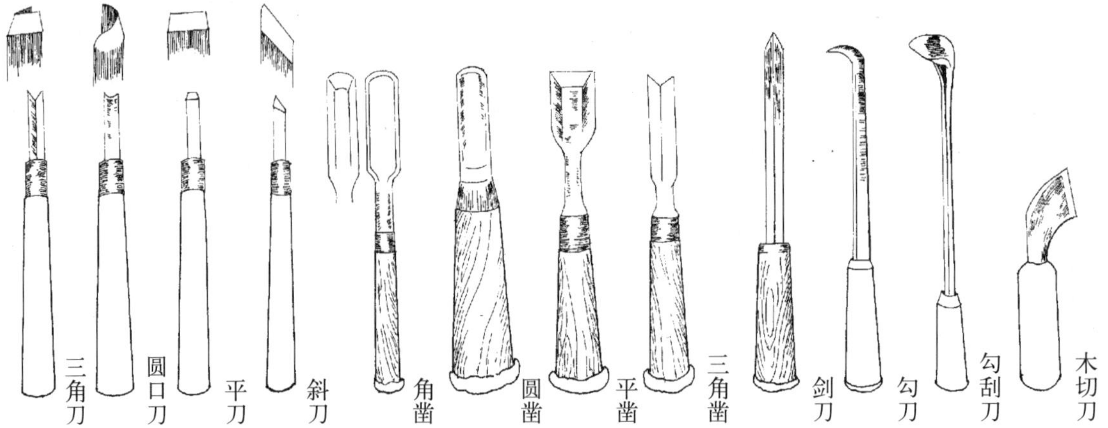

图1　刀凿类工具

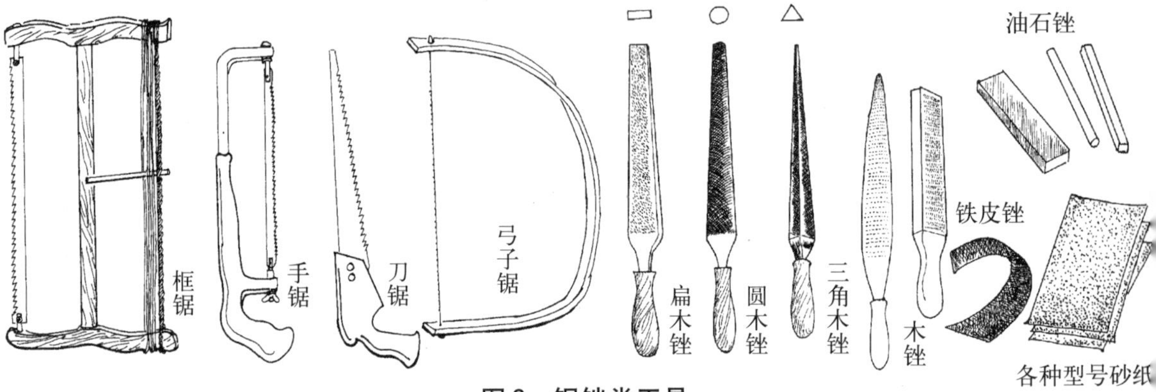

图2　锯锉类工具

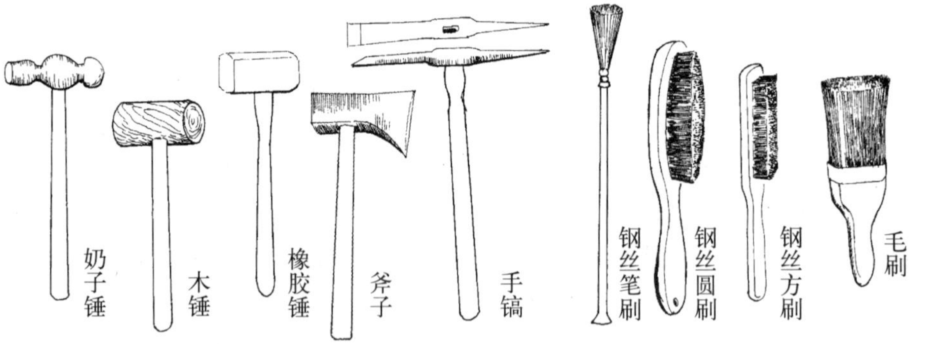

图3　锤刷类工具

(4)机械类：手摇弓钻、压钻、手枪电钻、手电锯、冲击电钻、软带电动打磨机、吹风机、清洗机、板面抛光机、角向抛光机、雕刻机、电刨、多功能木床等。(图4、图5)

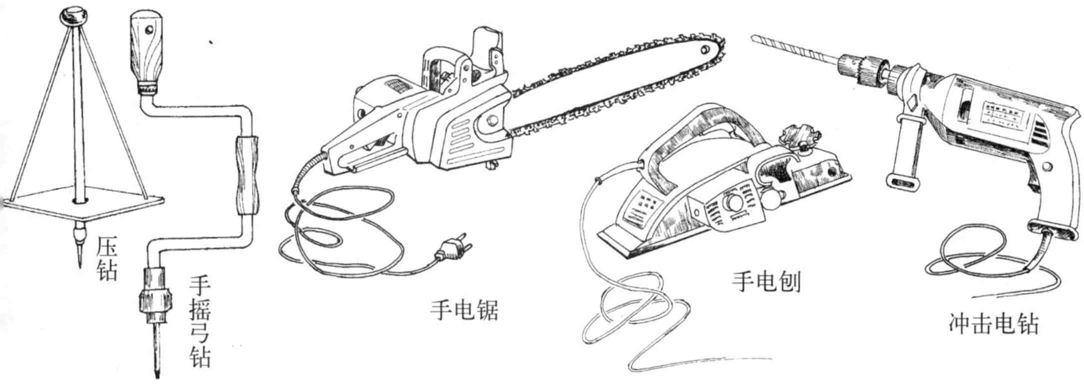

图4　机械类工具(一)

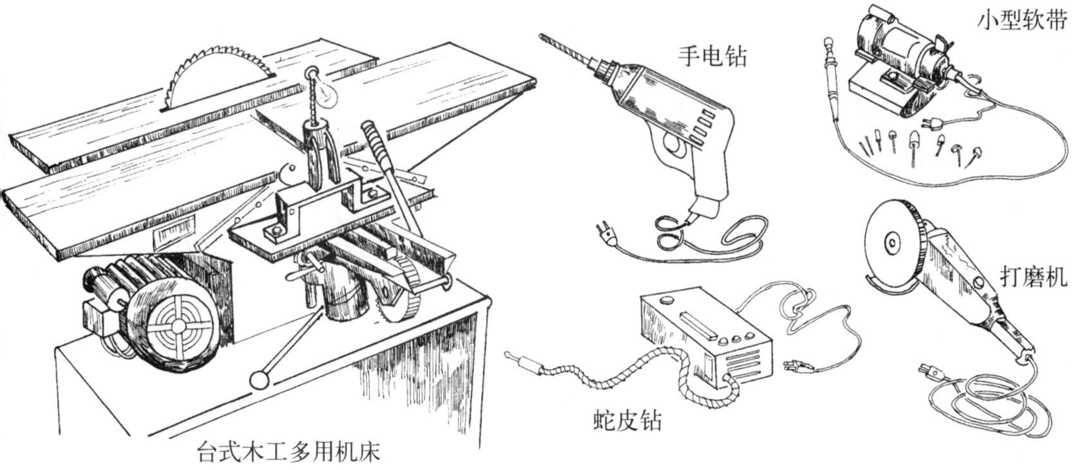

图5　机械类工具(二)

(5)胶类：醋酸乙烯乳胶、万能胶、502黏合剂、建筑胶、立时得胶、环氧树脂胶、聚酯胶等。

(6)油漆材料类：硝基漆、醇酸清漆、聚氨酯清漆(甲乙混合)、漆片、香蕉水、酒精等。

(7)着色材料类：嫩黄粉、铁红粉、国画色、国画墨、红树皮汁、陈茶汁、栀子汁、五香瓜子汁、皮鞋油、高级植物油、蜂蜡等。

(8)其他：木粉、氯化铵、碳酸钙粉、铁锹、大铁锅、撬、铁钎、铁丝、木螺丝、竹楔、木楔等。

六、各式根雕制作图解

根雕艺术作品主要分实用和欣赏两大类型，其创作大致有选材、去汁、消毒、阴干、构思、锯截、拼接、雕刻、去皮、打磨、抛光、着色、上漆、粘补、配底座等过程。本文对实用和欣赏两大类61件作品的制作步骤进行图解，一目了然，便于学习掌握。因树种、根材品质、个人经验、师承关系、技巧、制作条件等不同，根雕艺术的创作方法多种多样，应灵活运用，不要生搬硬套。

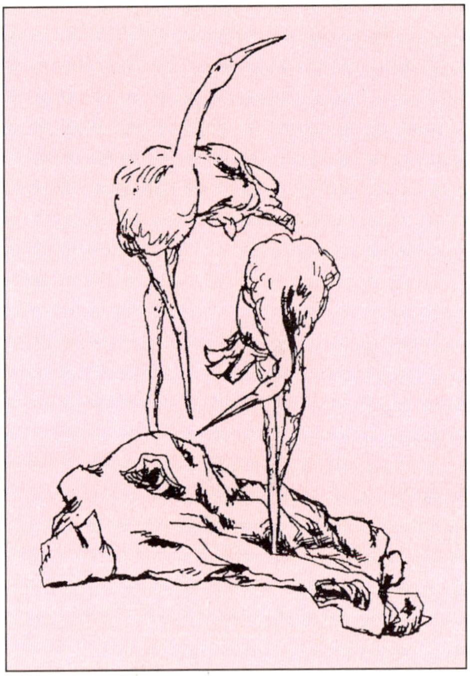

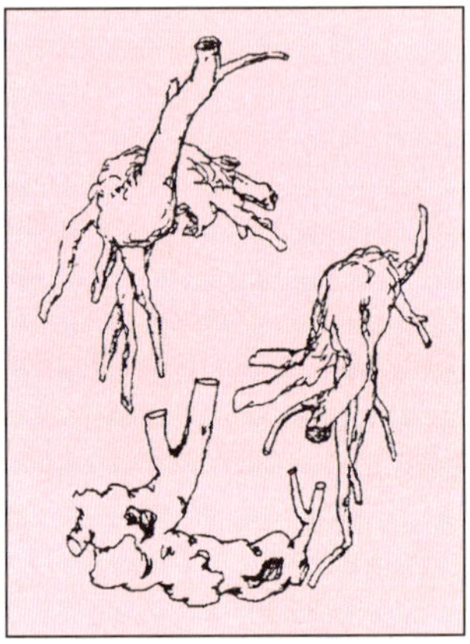

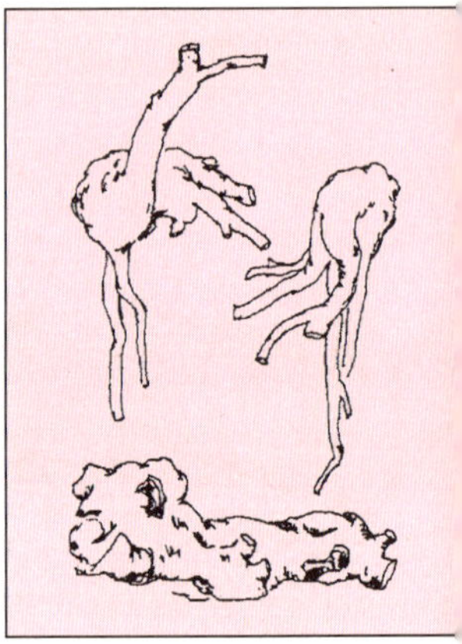

实 用 类

(一) 家 具

1. 小圆桌

①将板截成需要的长短，置于平台上画圆，切锯时，可将外缘线切成若干段直线，易于包边。板与板、板与木档的衔接可用骨胶黏合。

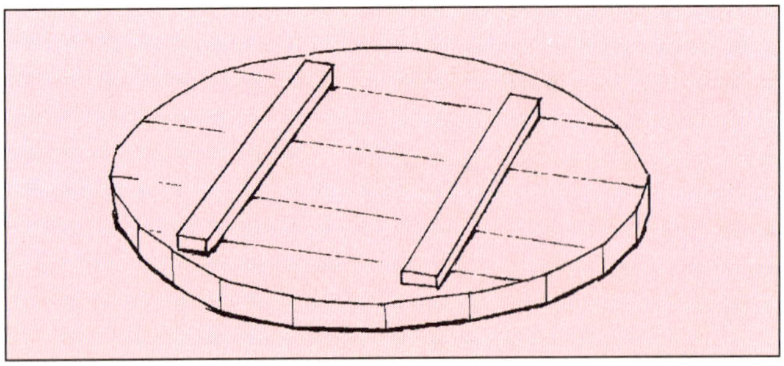

②选择包边的根块，且大小适当、树种相同或色泽相仿、形状基本相似，将根块截成需要的长度，选根块造型最好的一面做正面，朝上锯切成平面，再纵向锯切成90° 直角，断面可推拔状锯切，使各段断面衔接吻合。然后将锯好的包边90° 断面朝里紧贴木板用手电钻打眼，再用竹楔插入眼中，用斧锤敲击竹楔，使包边和板面连成一体。

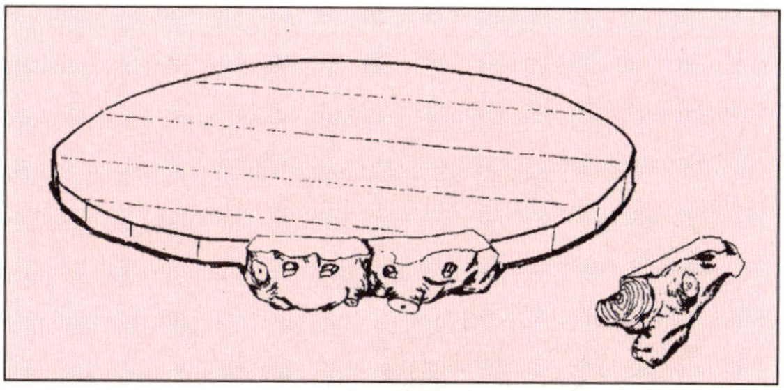

③选择适合的根作为受力部分的主要腿，主腿要粗壮有力，落地要稳，比台板下部的相交根块要粗大一些。主腿部分根材选好后采用靠接的办法与其他根腿进行连接，若根部有大量的洞穴亦可用插接的方法连接。靠接时，将被靠部位凿开一沟槽与靠接根相合，靠接根接头制成推拔状。若接根较粗可将相接处木质部砍掉一部分，两根相合后用电钻打眼再用竹楔打入。连接时一要稳固，二要自然。

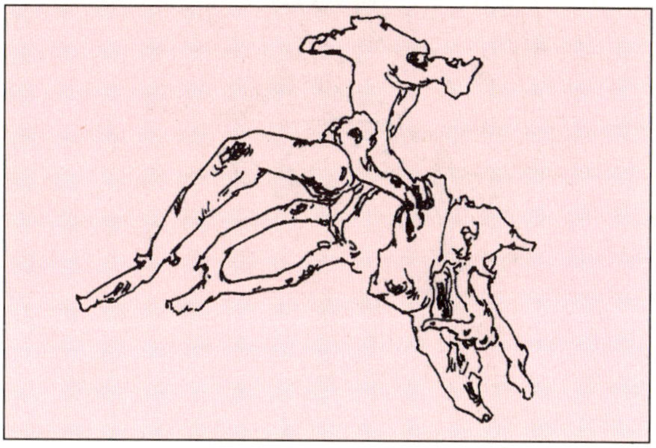

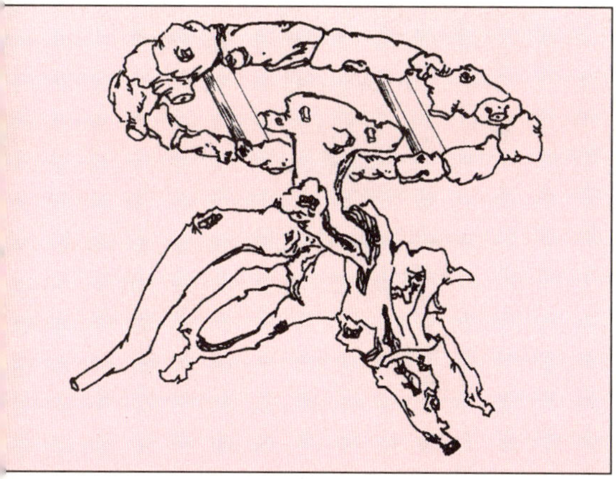

④大致确立着地根部的水平面后，再找出与台板相交根的水平面，并用色笔标记，再用手提电锯切割成水平状，并用手提电刨刨平，最后打眼上楔。打眼的角度和位置可自由选择，只要达到连接稳固即可。

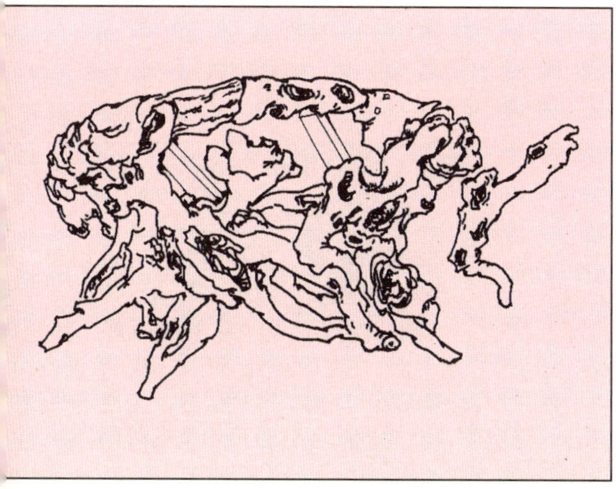

⑤基本骨架造型完成后，挑选与主腿部分一致的根材，其体量要小一些。凸面向里，上端与包边相连，下端与主腿根部相连，用竹楔连接。这样既丰富美化了整个腿部，又使面板与腿部的连接更加牢固。

⑥用电刨将桌面刨平，锯切一块与桌面形状相仿的木纹薄板，用白乳胶黏合在桌面上，并在桌面均衡加压数日使之与木板面粘牢。

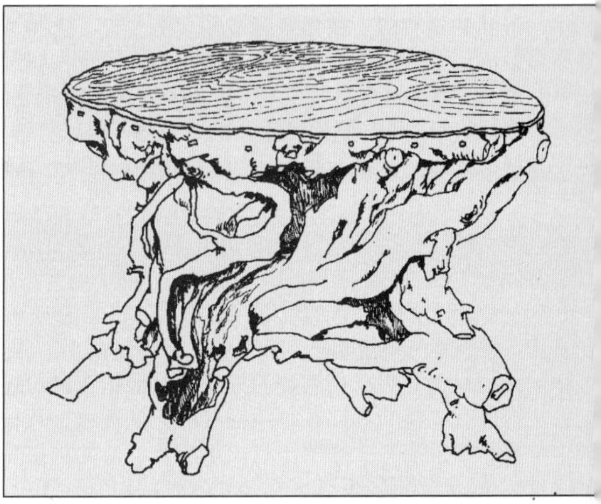

⑦用不同型号的凿子，将人工拼接或锯截面有明显人工痕迹的地方进行雕琢，使之自然得体。再选用型号多样的刮、铲、钢锯片清垢、除朽，并用抛光机或刮铲清除人工雕琢的痕迹。然后进行粘补，用细砂纸打磨，手摸感觉光滑圆润即可，再平底面。颜色完全可根据客户需要饰成本色、深色或仿古色。

2. 麻将桌

①右图为制作好的框架。若用板做面，可选用干透的朱树、红豆杉或香椿等木纹美丽的硬质树材。置面板时需加底档。

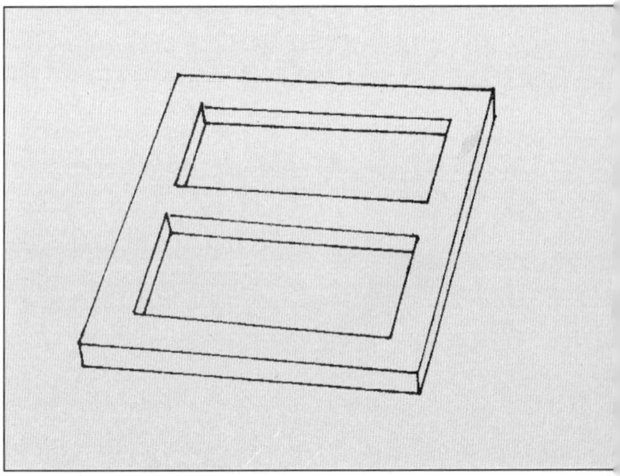

②先选择四条腿的根材，其高矮形状大致相同，大头朝上，小头着地。腿部同方向内侧弯曲，并对大头进行三面切割，切割的深度要大于框架的厚度，其角成90°。切割的水平面，应在四腿着地基本确定后进行，可用粉笔在地面画出大致范围，进行试置。为便于四腿的安装，可在四条边的中间各钉四根木条临时固定。

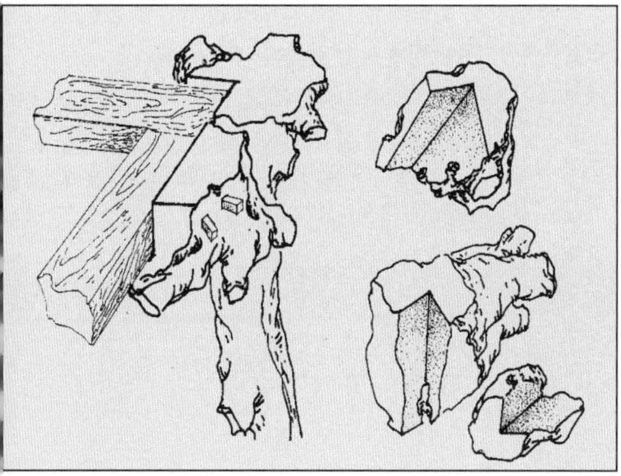

③四腿定位后，用竹楔固定，再选择厚度适宜、锯切好的包边进行安装。

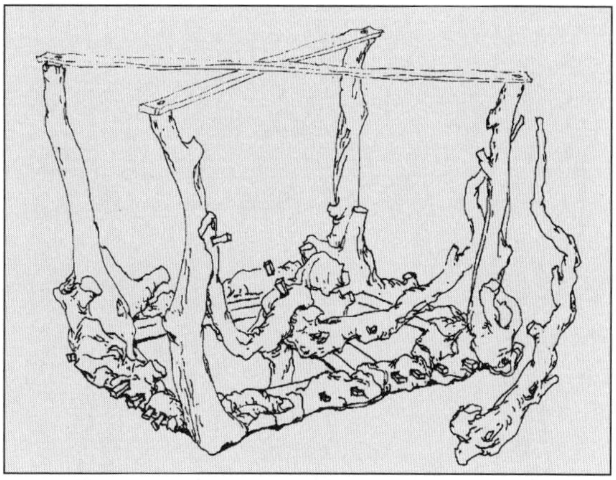

④包边结束后，将桌面框置于平台上，用两根木条交叉固定腿部。挑选稍有弯曲、粗细长短适宜的四条根料，大头置于桌面框反面中间，细头与腿部相连，呈不规则“U”形，加以固定。

⑤基本造型完成后，选择长短粗细适宜的根对腿部进行伪饰。一般情况下，大头向上，小头向下。腿部伪饰完毕后，再选择“U”形根或“S”形根对桌面框四周进行不规则的伪饰，并用木楔加以固定。

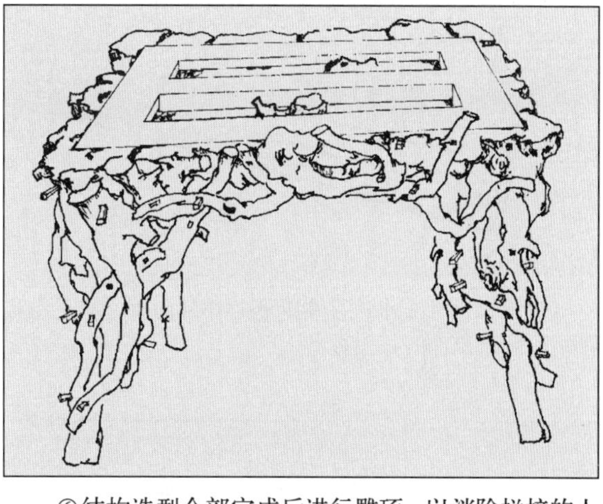

⑥结构造型全部完成后进行雕琢，以消除拼接的人工痕迹及多余部分。雕琢按根的走向、肌理进行，模仿自然，创造自然之美。雕琢完毕后，进行去皮和粗加工，用木锉或粗砂纸或抛光机消除雕琢时留下的人工痕迹。接着粘补，以消除裂纹、楔眼、接缝，使之浑然一体。粘补的材料用聚酯胶加入杂木抛光粉调成干泥状，再掺入少量氯化铵(氯化铵主要起干燥作用，冬天可多加一些，夏天则可少加些)，并加色粉(一般有紫红粉、嫩黄粉和金黄粉)，调得与根色相近，较深的缝隙可用手指按捺，小的缝隙可用刀片刮之。干后进行细加工打磨抛光，再平底面。所谓平底面，即按所需的高度找出四条腿的水平面，锯弃多余的部分，使桌摆放平稳。

⑦粘补打磨结束后，将框架面刨平，加装板框，再黏合面板，最后油漆。

3. 老板桌

①根据尺寸大小或客户需要制作好面框，若需安装抽屉可同时制作好抽屉框架。

②腿部根材要粗壮有力、古拙而厚实，且四条腿的大小、粗细、外形基本相似。安装时大头在下，小头朝上，大头部要古拙厚实，似虎腿、虎爪，雄壮有力。四腿略向桌面外侧微倾。在小头断面中心部向下锯切，再横切，呈“L”形。用电钻打眼，竹楔固定。

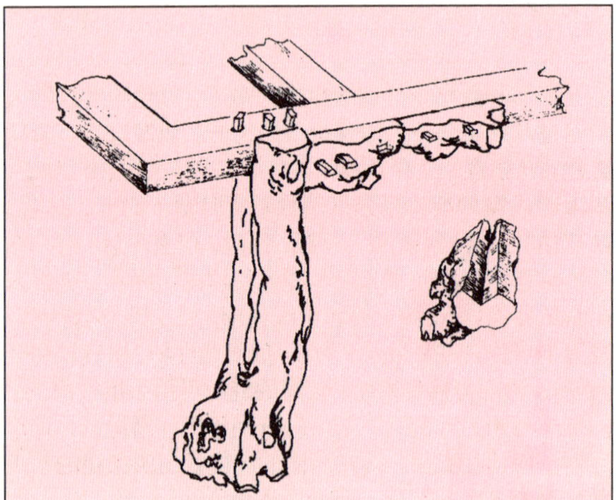

③四腿固定后进行包边，包边料要选大而曲、疙疙瘩瘩、富有变化之料。用竹楔固定。

④将桌面框置于平台上，腿朝上，挑选粗壮且呈弧形的长条根，与四条腿连接，并用竹楔固定，使桌腹部更加稳固而美观。若安装抽屉其里侧部位不必饰根。

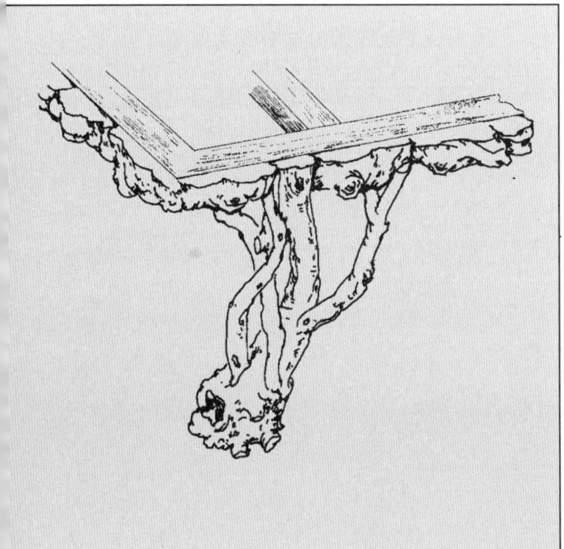

⑤桌腹部装饰完毕后，将桌倒置过来。挑选根材，沿四条腿的外侧进行加固装饰，一头与包边连接，一头与腿部连接。

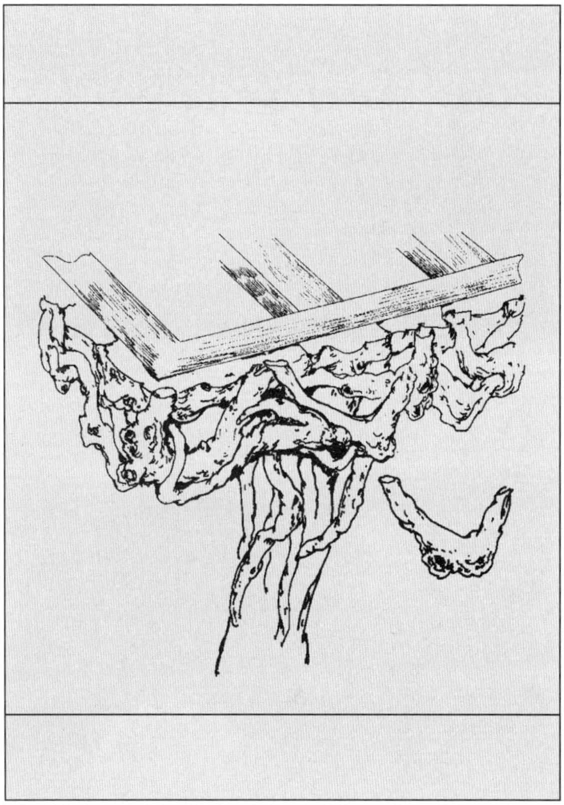

⑥选择疙瘩多而密集、不规则“U”形根，沿桌面四周包边伪饰。包边时要注意粗细、疏密的变化，穿插要合理，衔接要自然。若要安装抽屉，外面外装饰照常进行，装饰完毕后，按抽屉面大小进行切割使抽屉饰面与整体造型吻合一致。

⑦结构造型完成后，进行雕琢、粗加工、粘补，然后再细加工和平底面。用电刨将桌面框的包边上部刨成水平状，并按桌面的大小形状裁切板面，进行黏合。最后油漆，一种是浅色，一种是深色。若用的均是同一树材，颜色基本一致，最好上浅色。基本做法是：用国画植物色系列，或用栀子、红树皮、五香瓜子碾碎煮沸取汁。将桌灰吹净，用排刷涂色，干后再涂数遍。植物色透明度好，不会掩盖根木的纹理。着色干后，用清漆淡淡地涂2～3遍，亦可涂植物油。若根材色调不够统一，也可将老板桌漆成仿古色，做法是：作品磨光后打底色，但像浸泡后的杜鹃根，其颜色本来就深可免漆底色；有些杂木色调偏白，则必须打底色。先涂硫酸亚铁溶液或用非常淡的松烟墨(磨浓后对水稀释)打底，涂后用清水稍许洗除其色，使底色调统一沉着。干后涂黄色栀子汁，再干后涂红树皮汁。底色打好后，用生漆片(虫胶)、蜂蜡或蜡烛、松节油做配漆料，先将蜡熔化后加入50%的松节油调成糊状软蜡，稍温时加入60%左右的生漆调匀。用画笔上漆，上漆前用松节油涂刷木面，以防吸色不均导致“花脸”，漆干后反复揩擦至光洁明亮为止。

⑧此图为成型后的老板桌。

⑨此图为带抽屉的老板桌。

4. 大餐桌

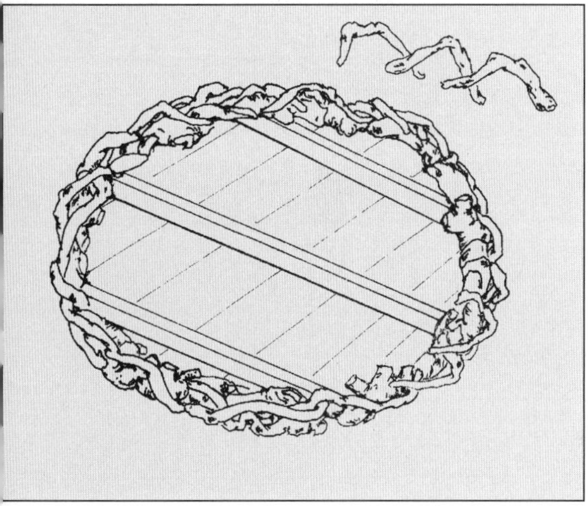

①选择干透的木纹美观的杂木板制成面板，因餐桌较大，板与板相拼时，可用电钻在两块板拼接处对应位置上打眼，并在一块面板钻眼中装上竹签，然后涂上骨胶，再将另一块面板的钻眼对准竹签插入，敲实，使两块板接合紧密。面板拼接完成后，在其反面加三根木档，并用木螺丝连接加固，然后进行包边，再选择弧形根伪饰。

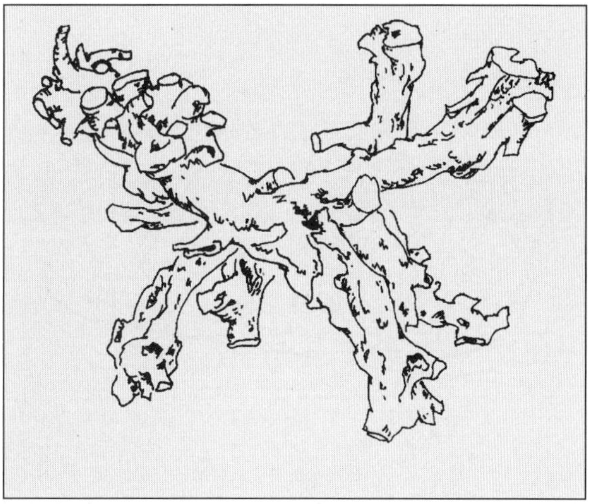

②选择粗大的根味浓的根材，作为餐桌的腿和支架。搭配组合时注意均衡和稳固，还要注意其支撑点的高度，高了可再锯，短了则无法再加。

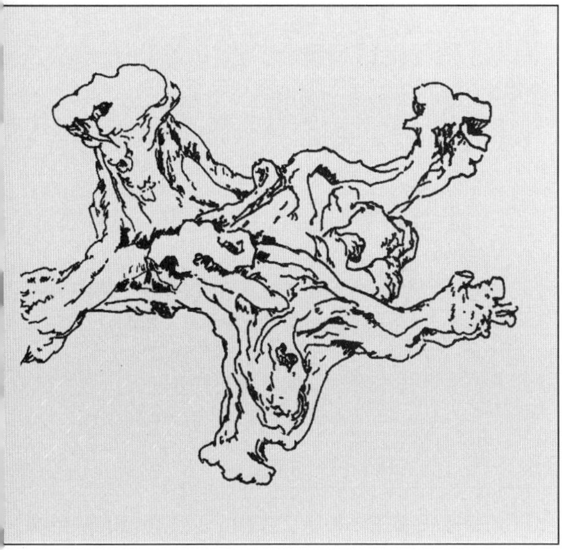

③选择一些长条根固实和美化桌腿。进行拼接时可用电钻打眼，用干竹楔或干透的木楔，楔紧固实，然后再雕凿、粘补、打磨、平底面，最后油漆。

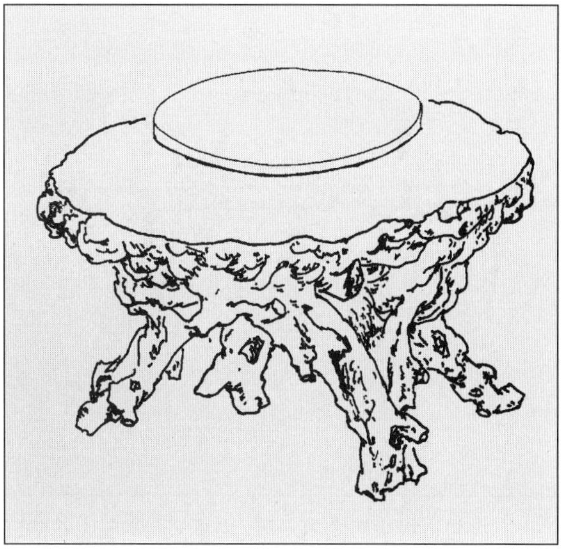

④为便于运输和搬动，桌面与支架为活动连接，桌面中间再选用和大餐桌相配的面板制作一个能转动的圆形盘。

5. 西餐桌

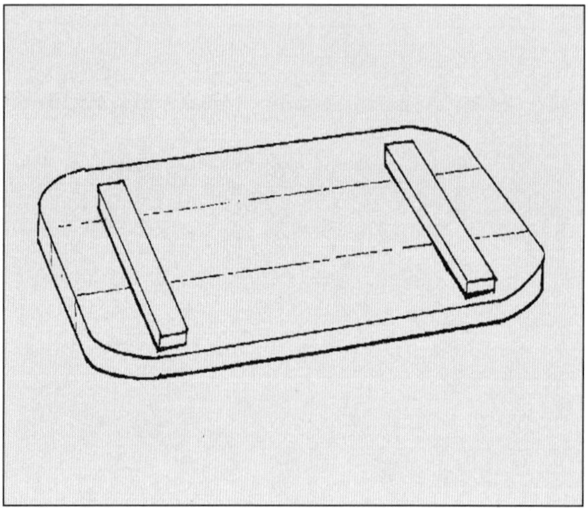

①此图为制作好的面板。

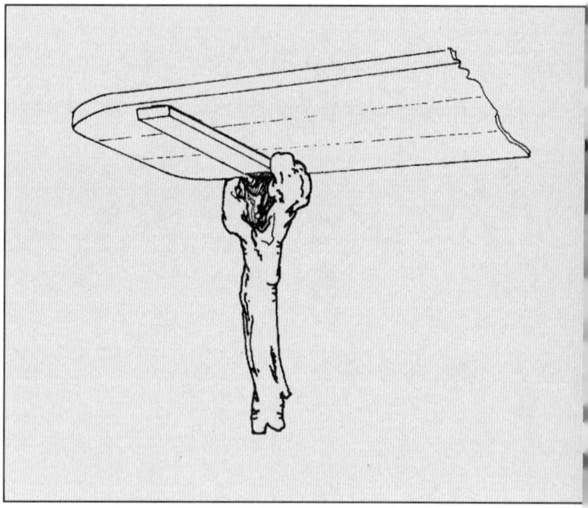

②选择四条腿材，大头与板面连接，小头着地。先将大头切成平面状，再切成“L”状，在横档处与面板连接，腿略向两侧张口呈“八”字形。

③将包边根块切成“L”形，沿桌面四周包固并钻眼上竹楔固定。

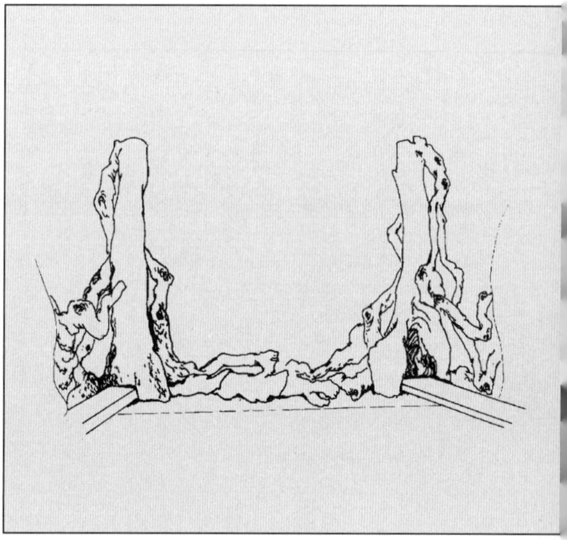

④将桌面置于平台上，腿朝上，选择适合的根条加固美饰腿的内侧，钻眼上楔固定。

⑤选择具有一定形体且粗细、弯曲变化适宜的根条对四条腿外侧进行加固美饰。再选择“U”形根对包边进行伪饰、点缀和加固，“U”形根的线条要有韵味。

⑥结构造型完成后进行雕凿、粘补、打磨、平底面，再用手提电刨将面板刨平。用水曲柳板切割一块与桌面形状相仿的面板，用乳胶黏合并加压固定，最后进行油漆。

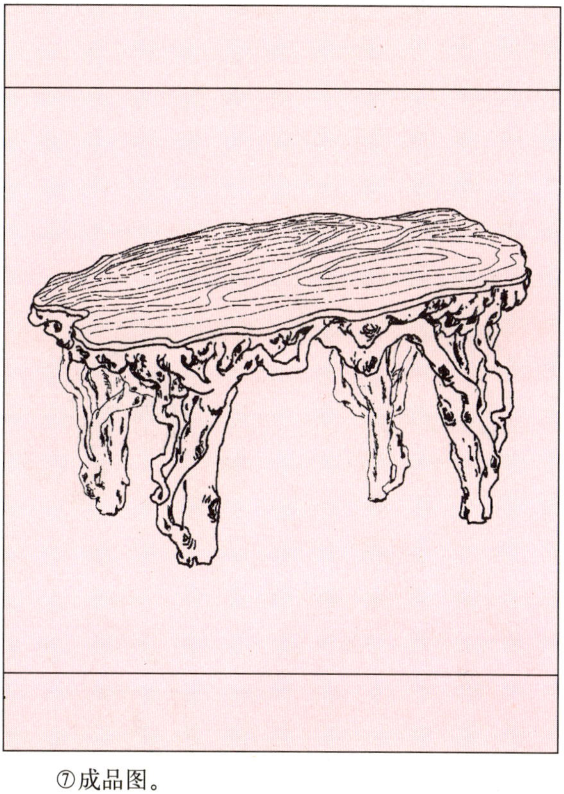

⑦成品图。

6. 小圆凳

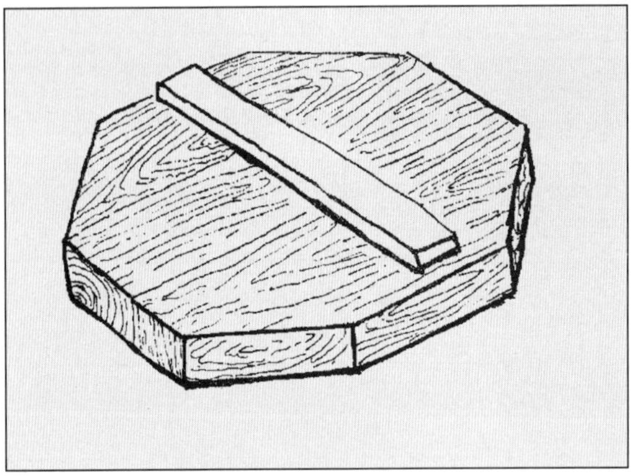

①此图为制作好的面板。

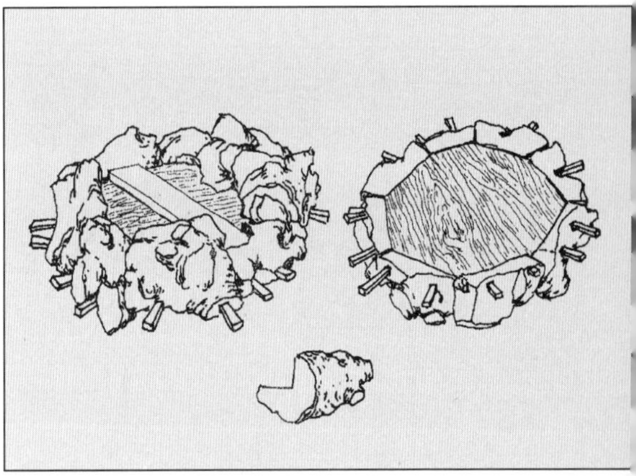

②图中左侧图是包边后的反面，右侧图是包边后的正面，下侧是包边用的根块。包边要钻眼上竹楔固定，然后再截除竹楔等多余部分。

③用块根制作成凳的底座，根块要大一些，保证足够的相交面，便于钻眼上竹楔和稳固。腿的着地点的外轮廓线要与桌面的外轮廓线大致相符，不能过于松散。

④将包好的面板与底座连接成整体，注意重心的选择与确定，重心偏离则载重不稳。

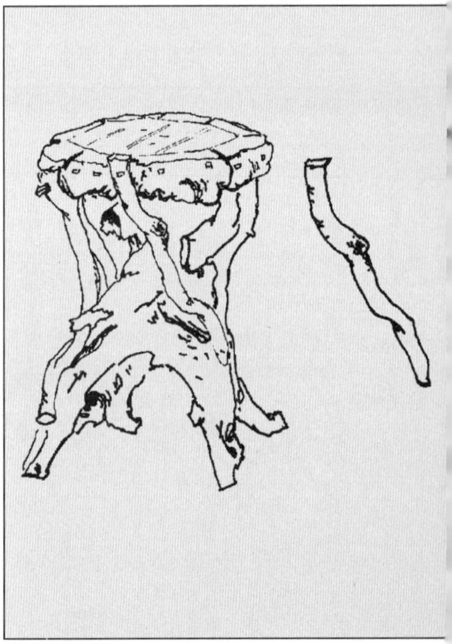

⑤择取条状根材，一头与包边连接，另一头与腿连接，美饰和加固凳子。注意接头的伪饰和隐蔽。

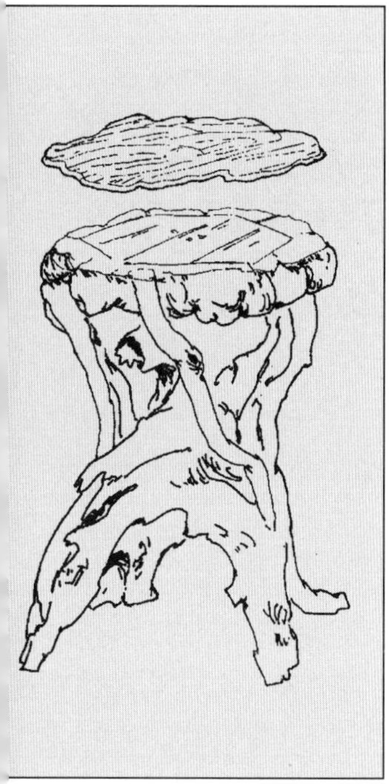

⑥上述工序完成后，进行雕琢、粘补、打磨、平底面，再用手提电刨推平，黏合面板。

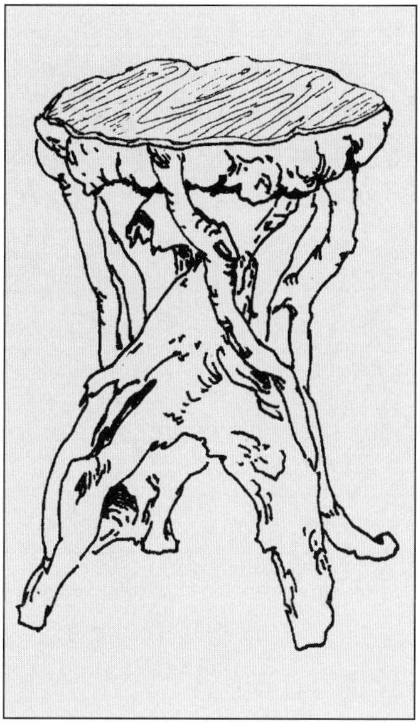

⑦成品图。

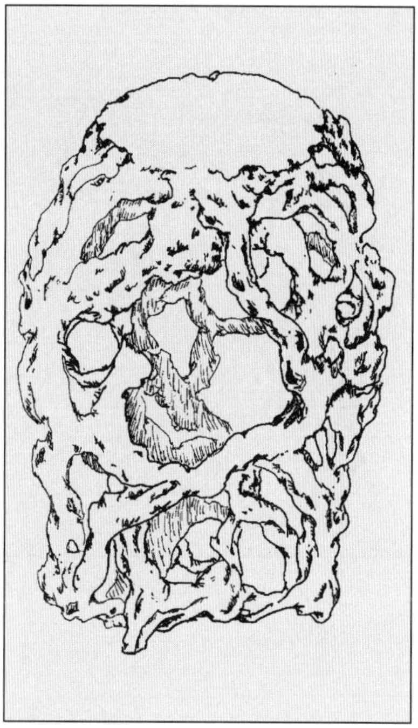

⑧鼓凳外形如鼓，中空。根饰用立时得胶黏合，并用钻头钻眼上竹楔加固。

7. 休闲椅

①选择干透木材做椅的面板，面板前宽后稍窄，呈梯形，反面用木档加固。

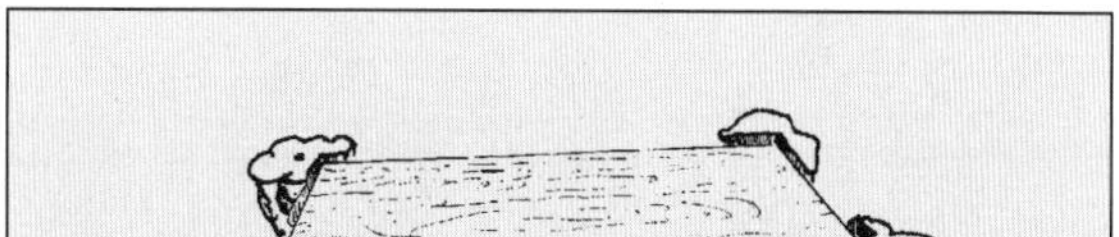

②选择粗实厚重之根料，大头在上，小头在下，呈喇叭状张开，面板前高后低，四腿与面板相交位置基本确定后，三面锯切成直角，将板面镶入切口内。

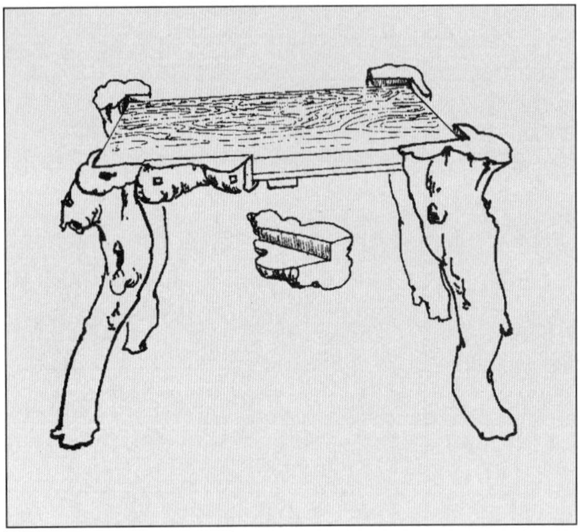

③将疙瘩块根切锯呈“L”形，作包边材料，包边时钻眼上楔固定。

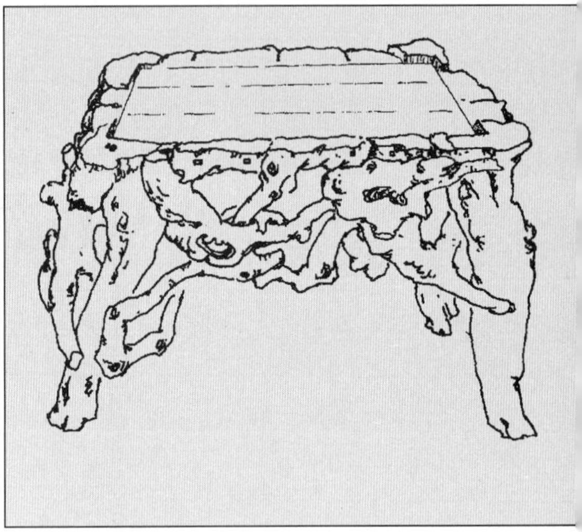

④选择根条和根块对椅腿和包边进行不规则“网状装饰和加固。正面饰根造型要优美，且粗细变化丰富疏密有致。

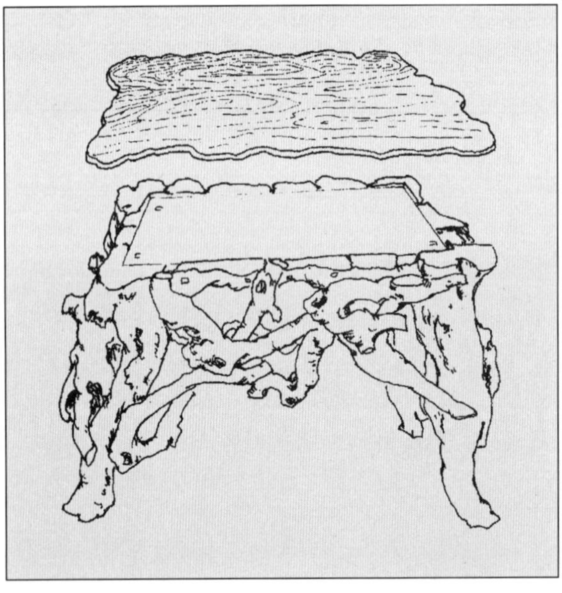

⑤选择木纹优美的干透的杂木料制作成与椅面相符的面板，将椅面刨平后用胶黏合压固。

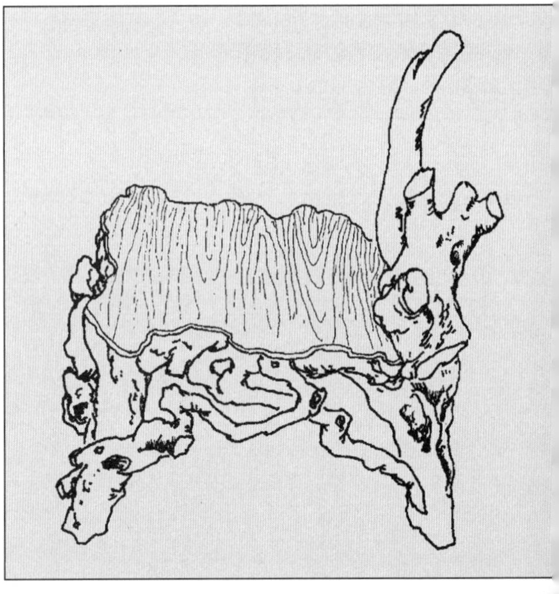

⑥面板黏合牢固后，安装靠背，靠背根料要稍大美。靠背根料的安装也是钻眼上竹楔固定。靠背根料装略向后倾斜，注意靠背与后腿的倾斜度。避免“人马翻”。注意靠背与面板拼接的牢固度，特别是人体背与靠背之间弧曲度的吻合，使人的背部靠上去舒适。

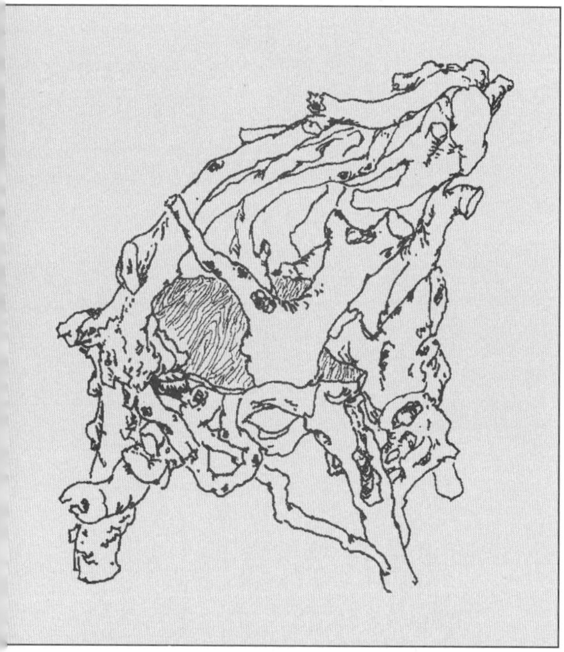

⑦左右扶手两块根料要稍大且古拙，略带弓形，大头形似龙头爪，安装在椅面上。左右及背部主根料安装后，再选择稍细的根料进行连接、美饰、加固。

⑧将包边根块锯切成小馒头状，不可过厚过宽，沿椅面前沿进行贴饰，底面带胶后钻眼上竹楔固定。造型完成后进行雕琢、去皮、粘补、打磨、平底面、上漆等。

⑨成品图。

8. 龙头太师椅

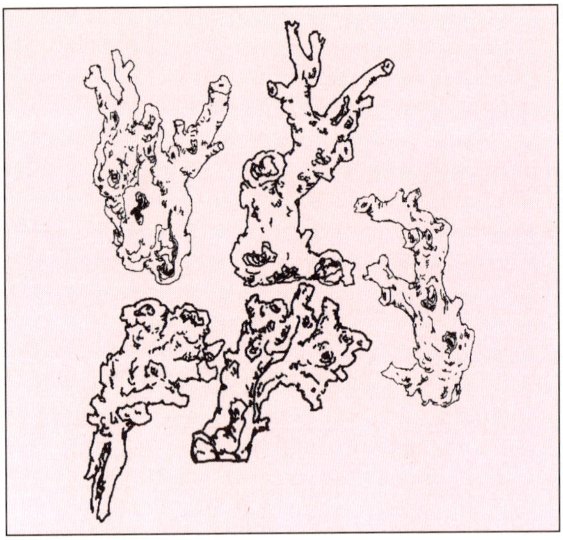

①龙头太师椅的制作工艺与休闲椅的制作基本一致，不同的是根材选择和表现形式有些差异。太师椅专门挑选那些枝杈多、布满大洞小眼、奇形怪状的根块。椅背及扶手呈放射状展开，其饰根组合密度和椅的体量均大于休闲椅。

②上图为龙头太师椅造型完成后的半成品图。此椅为檵木根料组合，若选择黄荆根块制作太师椅则更显其古拙、厚重和威严。

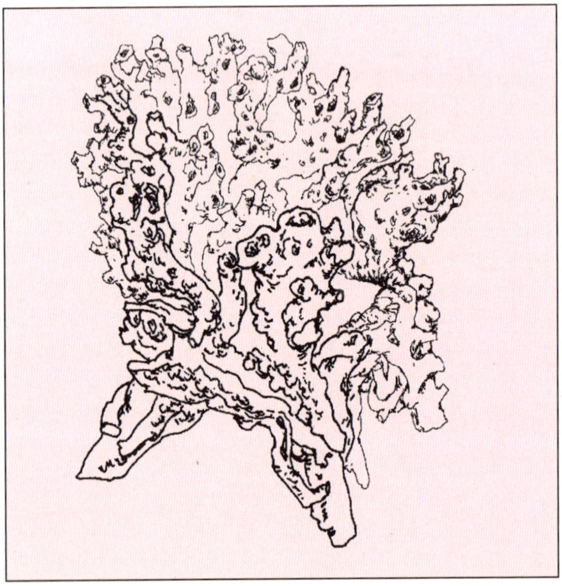

③左图为半成品侧面图。

9. 老板椅、餐椅、豪华椅、镶大理石椅

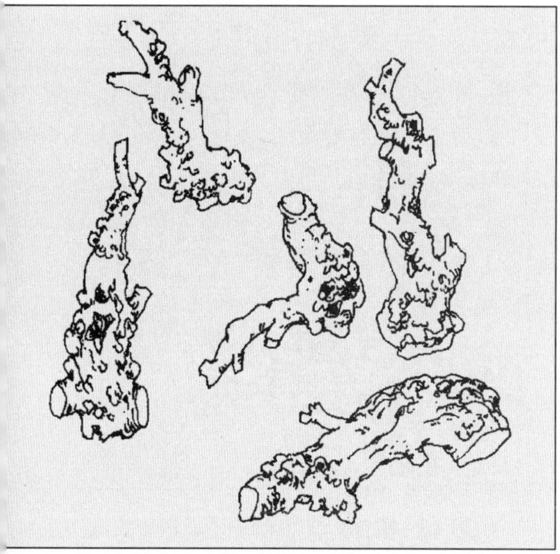

①-1.老板椅的制作过程和休闲椅的制作基本相同。老板椅所选用根料要粗犷有力、疙疙瘩瘩、老气横秋，具有岁月沧桑感。

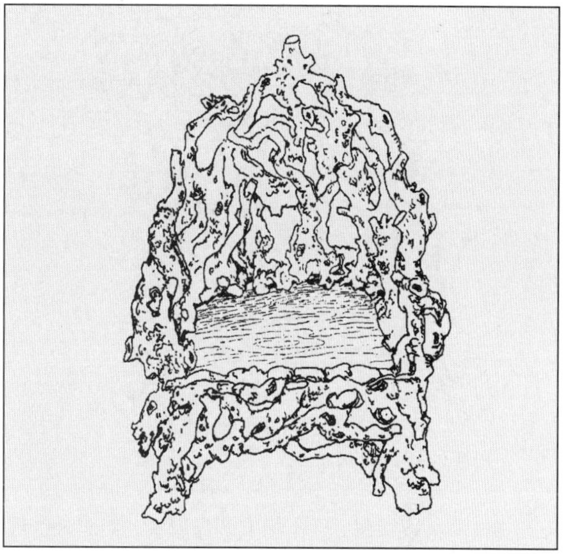

①-2.老板椅的体量均大于休闲椅和太师椅，其靠背高度超过人头，扶手与靠背的根料形状相仿，一气呵成。

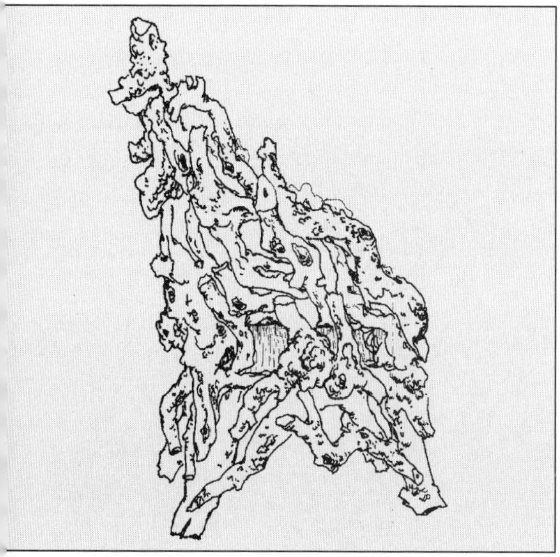

①-3.结构造型完成后的老板椅半成品侧面图。

②餐椅半成品图。餐椅追求一种线条流动感强烈的艺术效果。宽度稍窄，便于餐厅摆放。背稍高，结构简洁流畅。注意选择“S”形、稍长，且疙瘩少、较光滑圆润的根材。

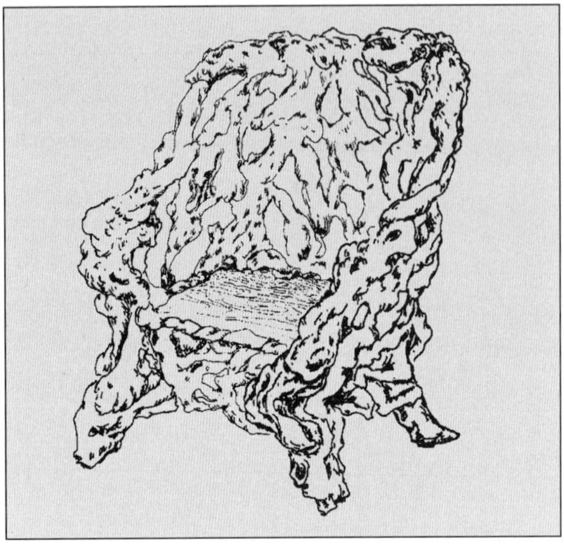

③豪华椅成品图。豪华椅宽阔而厚实，椅背外缘线较直，造型凝重、浑厚。其根块完整、厚实而丰满，四腿粗犷有力。

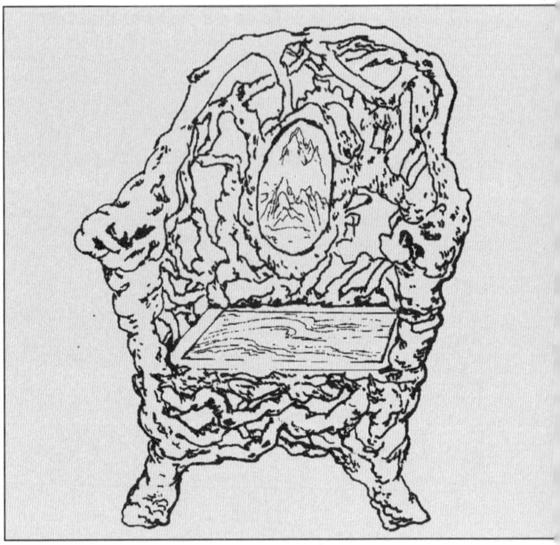

④镶嵌大理石椅。此椅制作与豪华椅的制作基本相同，不同的是在椅面和靠背面镶嵌大理石。其一，大理石的选择要注意其面有画意，或云、或雾、或似山水，纹饰清晰；其二，制作时先将大理石镶嵌在硬质杂木框内用黏性强的立时得胶胶合固定，然后用形状较好的根块沿木框包边美饰，并在大理石反面加根固定美饰。

10. 转角椅

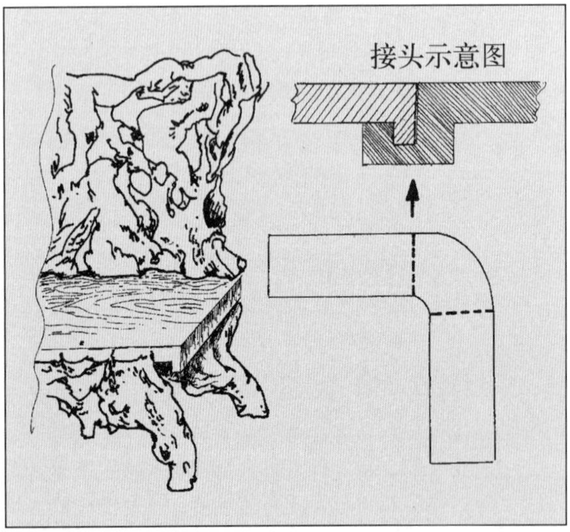

①转角椅由三部分组成，两个长椅和一个半圆椅。三椅的连接用槽沟形式咬合固定。

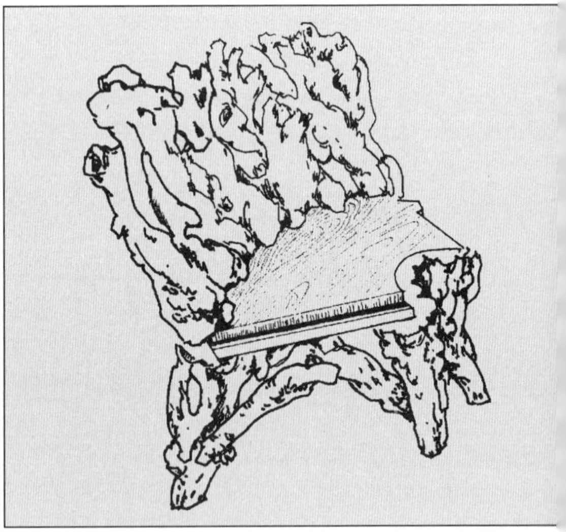

②半圆椅的接头形式。

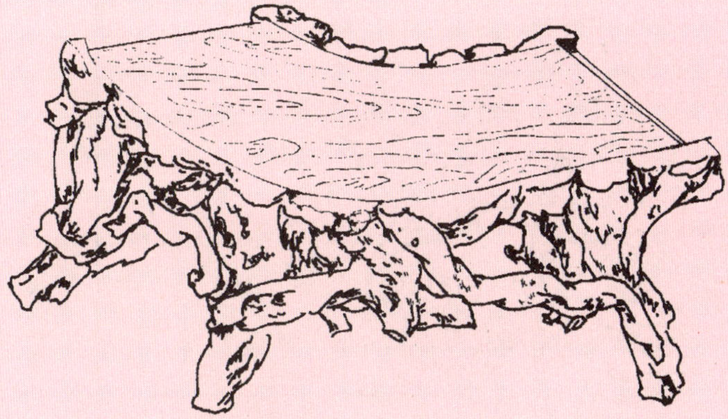

③半圆椅共有五条腿，前侧为两条腿，后侧为三条腿。半圆椅两侧与长椅相连接。

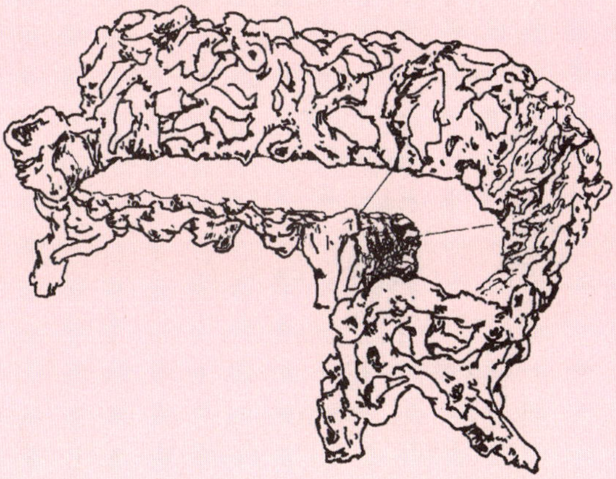

④成品图。

11.三人龙头太师椅

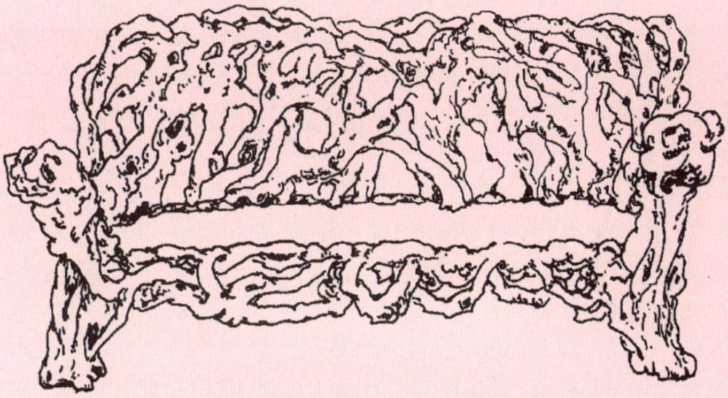

①这是三人龙头太师椅成品图。三人龙头太师椅是单人龙头太师椅的拉长而已。三人龙头太师椅横向较长，两侧扶手根料要粗大厚实一些，其靠背部根料组合搭配、穿插要显得自然有序。

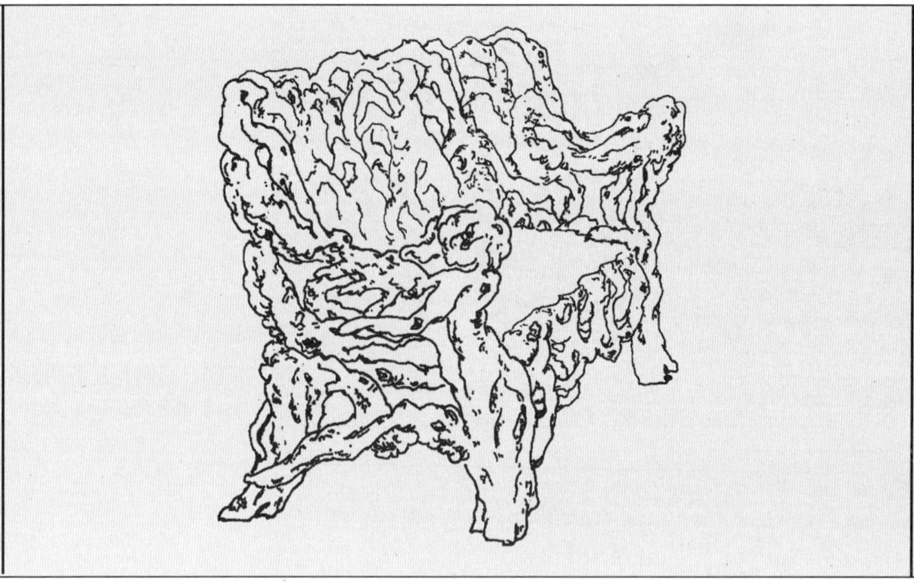

②三人龙头太师椅成品侧面图。

（二）几　架

1．长条茶几、镶大理石方形茶几、老桩茶几

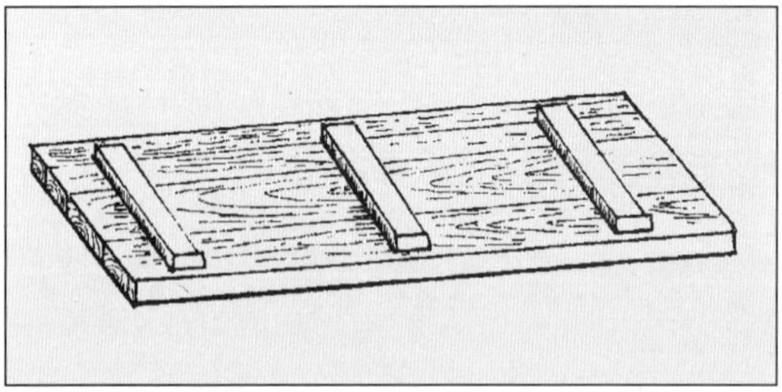

①–1.先制作好长条茶几面板。

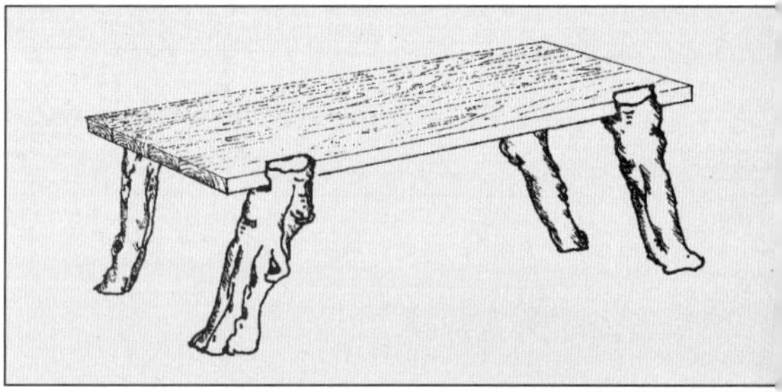

①–2.腿不在桌面的四角，而是离桌角30～40cm，并呈“八”字形张开，大头朝上，在端面沿直径下切成“L”形，将面板置上，用电钻打眼上楔固定。

①–3.将包边用的根块锯切成“乙”形，沿桌边包贴并钻眼上楔固定。

①-4.选择粗细适中、弯曲多变的根，将四腿加固装饰，并将腿突出板面的部分锯切得与板面平齐，然后再选择不规则“U”形或“S”形根包边、伪饰、加固。整体造型完成后，选用不同型号的雕琢工具将拼接的接头或不够自然的根块，要雕琢得自然流畅、不露痕迹。雕琢结束后，用抛光机，装上长形抛光头，将雕琢留下的刀痕磨平，并插入大小洞穴进行抛磨，再用刮、铲、锯条片去皮，直到干净为止。然后用聚酯胶、杂木抛光粉、少量氯化铵和色粉调成泥状，且与木本色相近，对接头、缝隙、楔眼进行粘补。干后用手枪钻头缠上抛光用的砂纸进行打磨，再用细砂纸、水砂纸反复摩擦直到光洁为止。

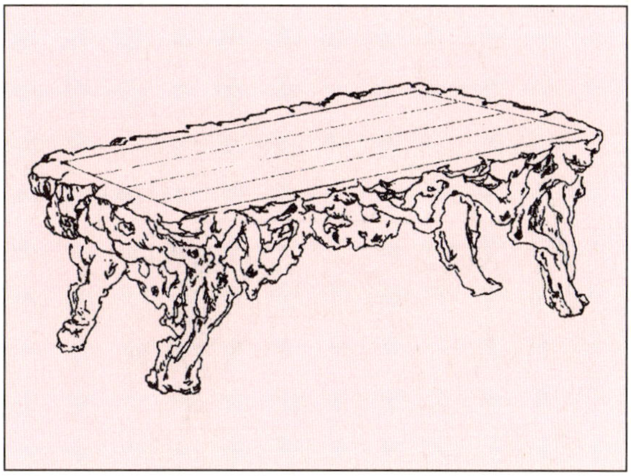

①-5.用手提电刨将面板和包边刨平、刨光，选择木纹优美的杂木薄板，按茶几长宽切割，然后覆盖在刨平的几面上，用色笔沿包边画出边缘线，锯切成与几面完全相符的形状，再用乳胶黏合在几面上。干后用平口凿沿边切成斜坡状。最后着色上漆。

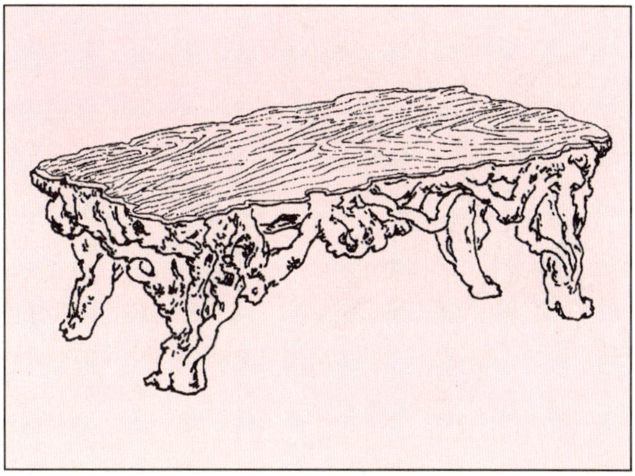

①-6.成品图。

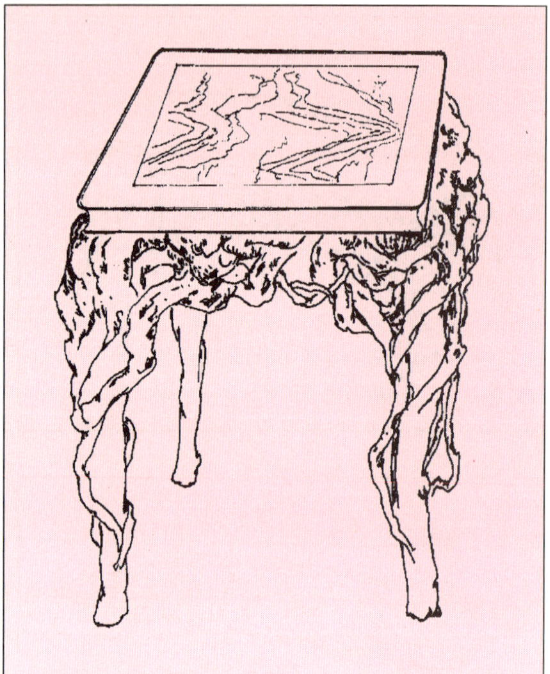

②镶大理石方形茶几。这种茶几与麻将桌的制作过程大致相同，所不同的是桌面用大理石镶嵌。

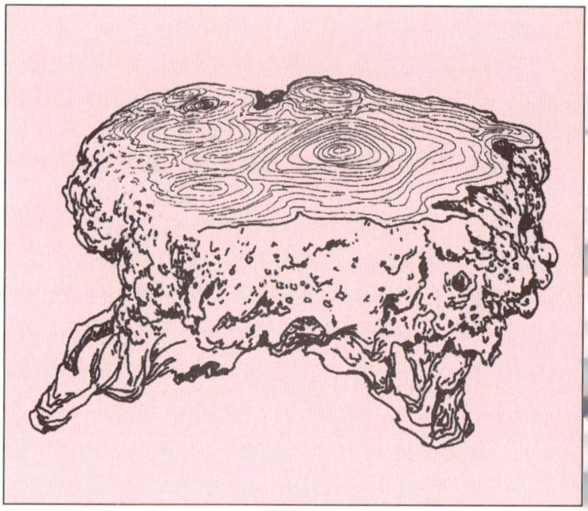

③老桩茶几。这种茶几别具风格，厚实古拙。制作这样的茶几可选择数百年生的老桩，连根掘起，并清除泥土和杂石，剪除小根，投入水中浸泡一冬一夏，若浸泡水发黑和有异味即换水，浸泡后及时去皮、去污，置室内充分阴干后，根据需要的尺寸锯切余根，锯平几面，再雕凿、打磨、抛光，最后上漆。为更好地体现根的自然美，使根的纹理得到最佳的表现，最好用植物油涂擦或用硝基清漆薄薄地刷几层。

2. 方形茶几、双层几架

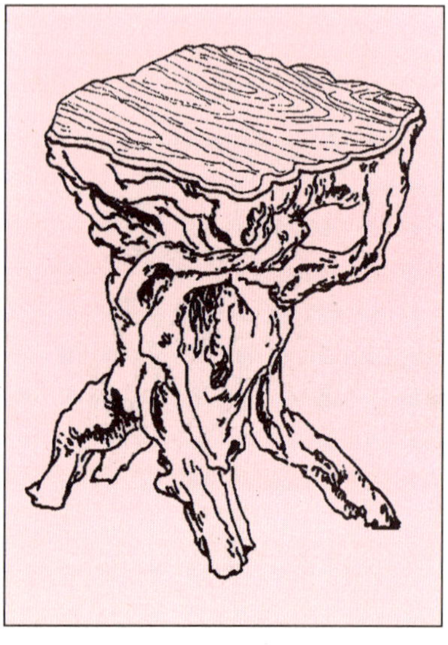

①方形茶几。方形茶几制作过程与小圆凳基本相同，小圆凳三条腿，方形茶几四条腿。

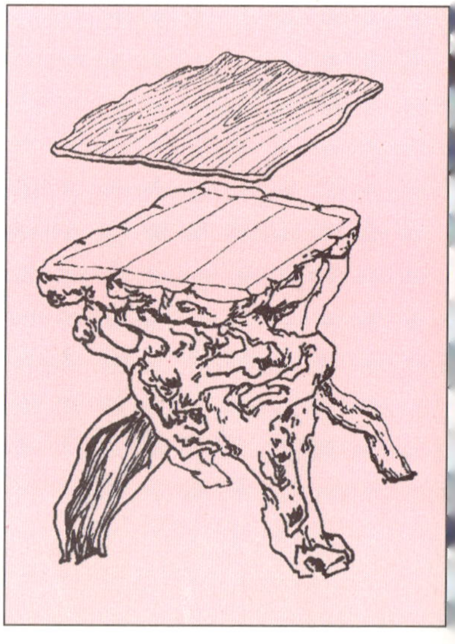

②-1.双层几架。先制作单层茶几面板并包边，将底座腿部主要骨架制作好后与面板连接，再用根牵拉钻眼上楔加固美饰。然后再制作一装饰几面，用乳胶黏合在面板上。

②-2.制作上层面板，并包边。上层面板要小于下层面板。

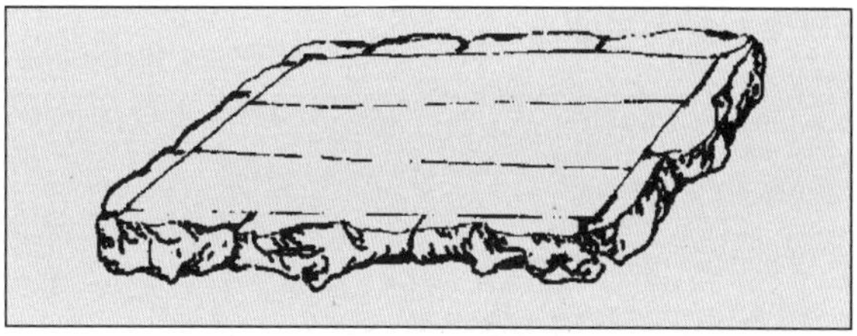

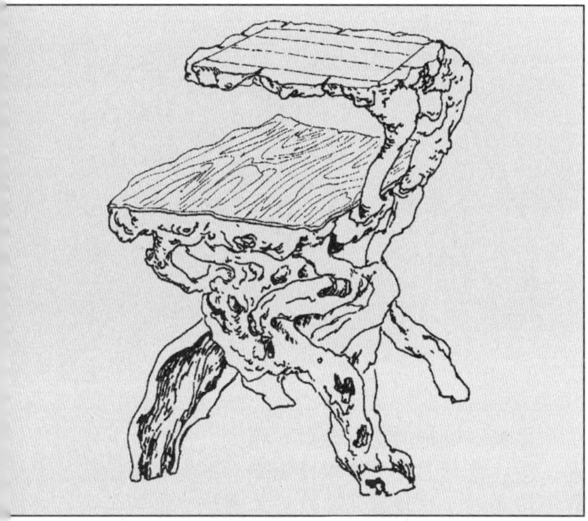

②-3.选择造型优美、弯曲变化的根料，大头与上层面板的包边连接，小头与下层面板包边连接，钻眼后用竹楔固定，注意上层与下层平行，不可偏斜。

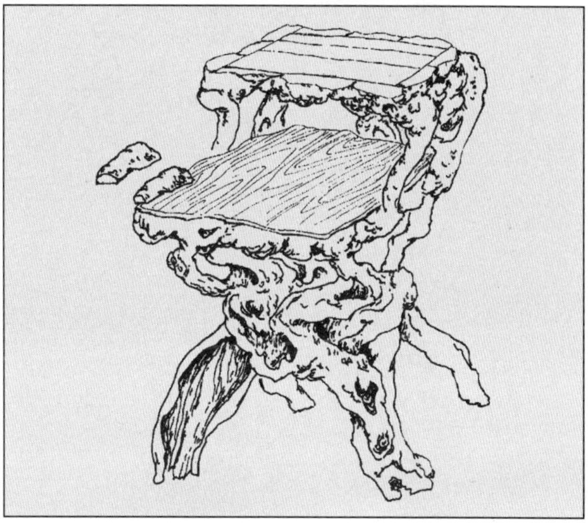

② -4.加固美饰下层几面，将锯切的包边材料涂上骨胶，黏合在下层几面的边缘上，并钻眼上楔固定。

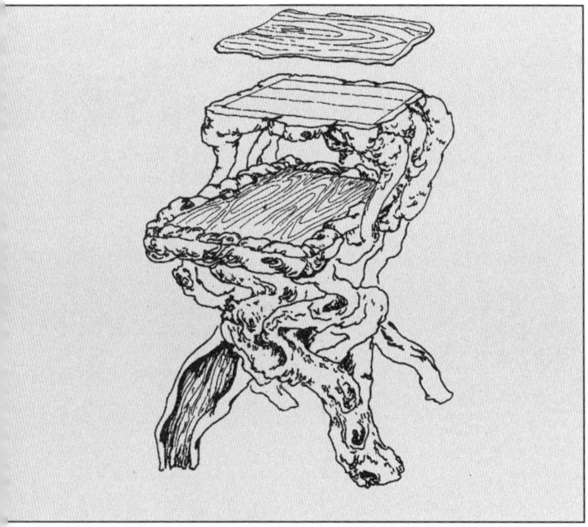

② -5.用手提电刨将上层面板和包边刨平，再选择与下层几面花纹相同的装饰板，黏合在上层面板上，然后雕琢、去皮、粘补、打磨、抛光、油漆。

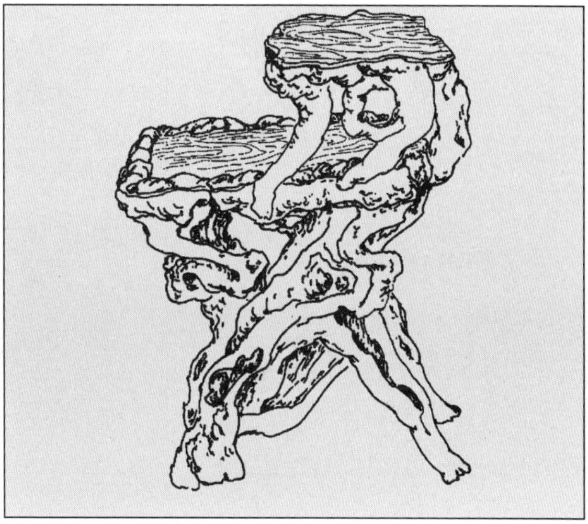

②-6.成品图。

3. 单体花架

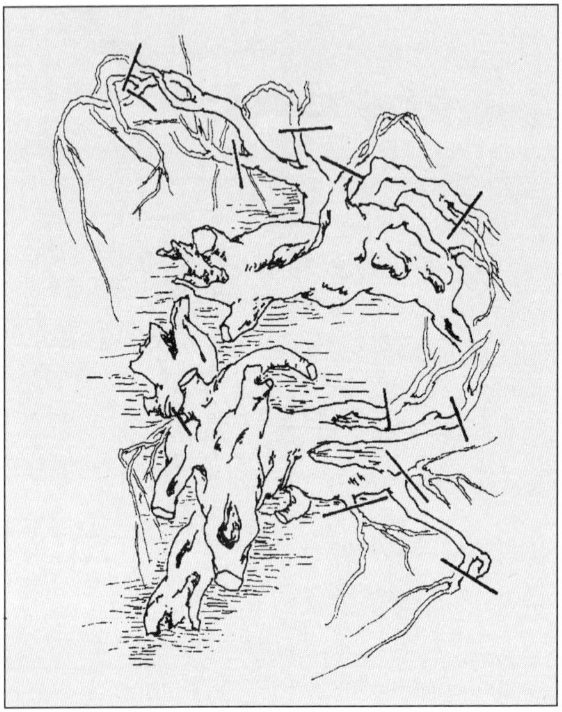

①从山野里采回的根，先清除泥土和杂石，锯弃小根，然后投入水中浸泡，有条件的可浸入水塘或大水池内浸泡，要保持水质清洁。经过一冬或一夏，捞起后去皮、清垢、充分阴干。因根皮经水浸泡后，变得松软，并与木质部松离，出水后去皮要容易得多。

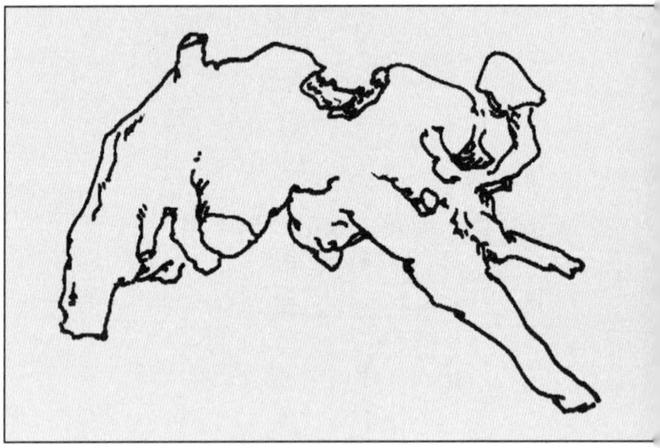

②第一块根的选择要敦实粗大，并确定其摆放的位置，然后将背部及两侧根枝锯除，下部保留做腿。因根背部较光滑，安装第二块根较为困难，可按与第二块根相交的多少，开凿沟槽。

③将第二块根斜置在第一块根背部，并镶入槽内，钻眼上楔固定。大头在上，小头在下。

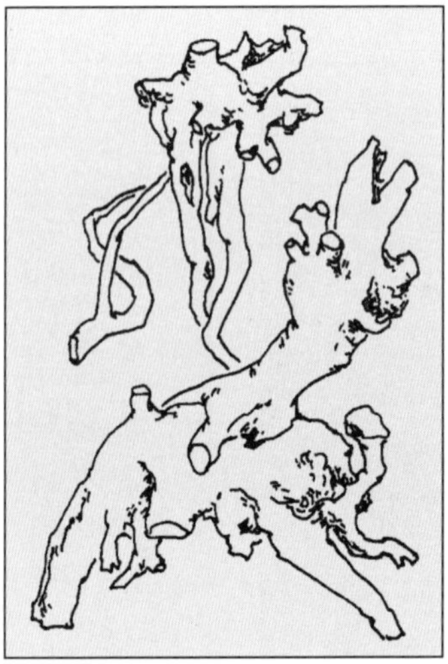

④选择第三、第四块根需经过多次试放，看是否适合、是否美观，若不理想，再挑选其他根试摆直到满意为止。

⑤将选定的第三、第四块根与第二块根相并，大头朝上，若相并后有些部位不吻合，可用斧锯“动手术”开挖，使之吻合，然后钻眼上楔固定。

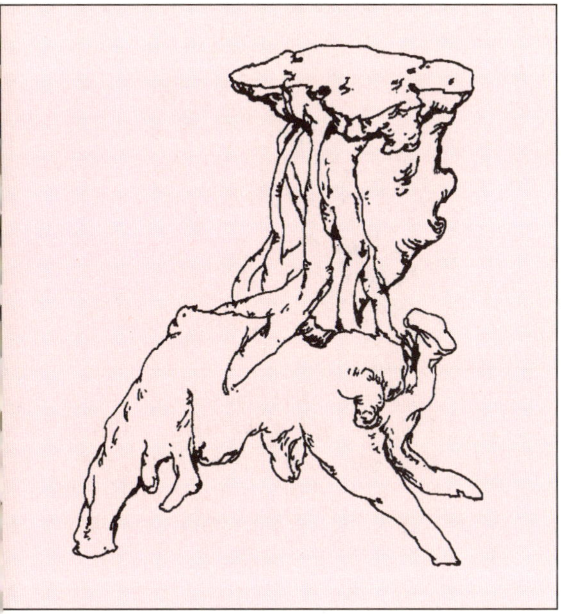

⑥用手提电锯将顶端切一个平台，切割时要注意平台的水平效果，然后进行雕琢、粘补、打磨、上漆。若花架整体效果好，拼接痕迹不明显，最好上清水漆；若痕迹明显则可漆成深色。

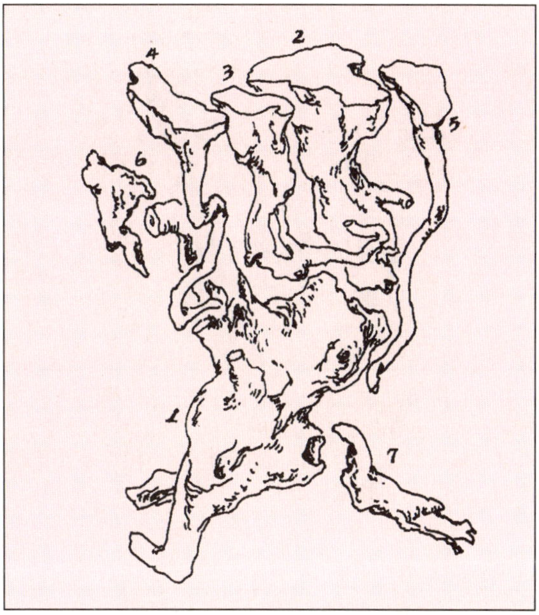

⑦此图为另一单体花架拆开后的示意图。一般单体花架呈纵向拼排，下部一块根，即第一块根最为重要，要大且稳。第二块根也较大，与第一块根构成骨架。第三、第四、第五块根起加固美化装饰作用，并增加平台的面积。平台拼接的槽需要人工挖凿使其相吻合。第六块根用于补缺遮丑，第七块根加固腿部。总之，单体花架上下两头要大，中间要小，忌上下一样粗或直如电线杆或根块等量臃肿。台与座要有一定的空间才有灵气。

4．双联花架、三联花架

①-1.双联花架的制作与单体花架制作过程基本相同。双联花架有两个平台，制作时要把握两台的高矮、远近、大小、主次、直曲关系。一般情况下，主台花架要高、要大、要稍直，副台花架则相反。另外要强化两台支架的必然联系和韵律。首先要选好最下面的一块根材，它是基础，在这基础上确定主台花架的位置。底座根材呈龙头蛇尾状为好。

①－2.拼接时，主台花架略向右侧倾斜，根的大头向左倾斜。然后再选择副台花架的根材，摆放时根身左斜，大头部右倾，增加与主台花架的呼应感。往往根头锯切后台面过小，可再接根块弥补。

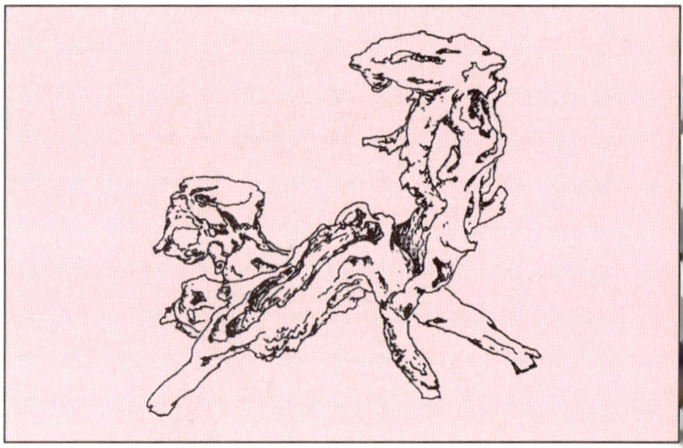

①－3.拼接时，要强调自然的效果。因花架的线条较为简洁，裸露部分多，容易暴露其缺点，所以选材要严，要拼得巧，要雕得妙。连接时不够自然的部分也可刀凿斧劈再造自然。钻眼上楔时，两根接触面可用细锯木屑加聚酯胶调成糊状涂抹，增加凝结强度。然后再雕琢、去皮、粘补、打磨、抛光、上漆等。

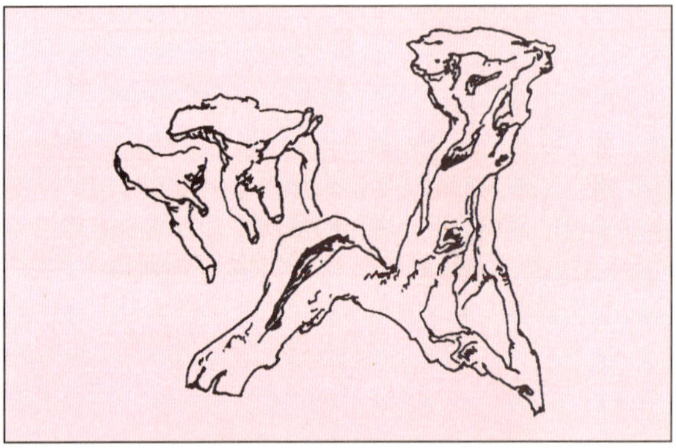

②－1.三联花架。这种花架与双联花架制作过程基本相同。先选择好底下一块根料和最高的主台根，再选择副台根，并将它们不断地试放，合适后用粉笔标上记号，将朝上的大头锯切成平面状。

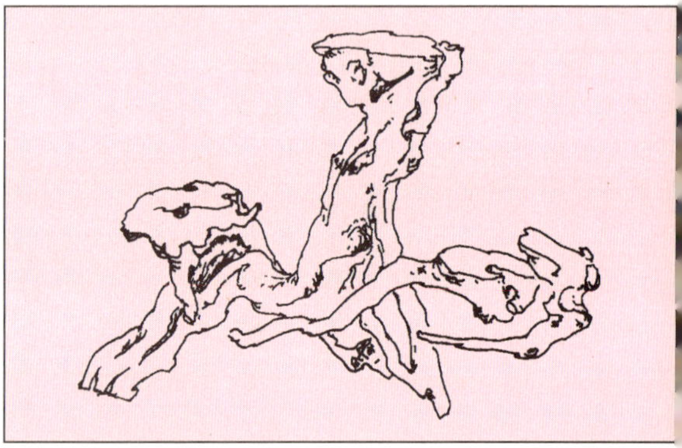

②－2.将主台与副台根材钻眼上楔，用胶固定在底座上，再选择次台根进行连接。三联花架在制作时要把握好三台之间的高矮、大小、疏密呼应关系，一般为一高两低、两近一疏。

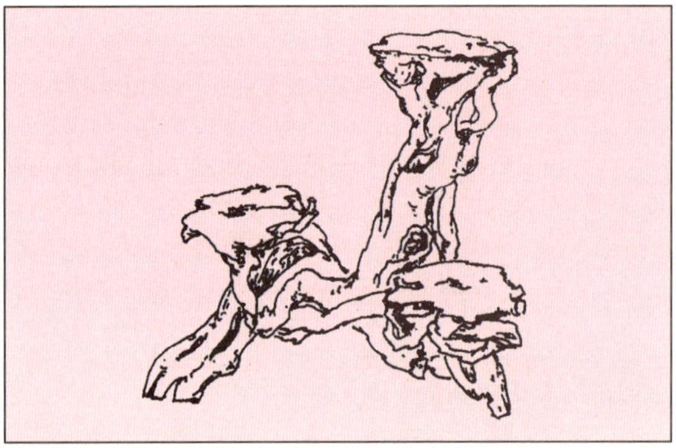

②－3.三联花架成品图。

5. 盆景几架

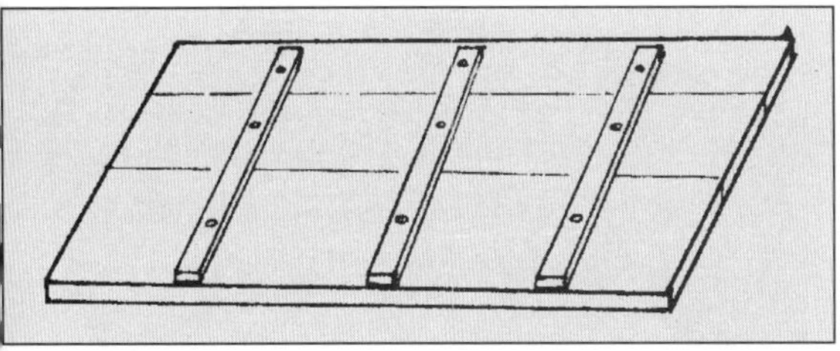

①-1.长方形盆景几架。盆景几架要低矮一些，台面要宽阔一些。图为制作好的面板。若制作大型盆景几架，台档还要加密且面板要厚。因有的大型盆景重达半吨，展览时一放就是半月有余，若挡板配置不结实，极易下陷或变形。另外要选择坚硬的，并且还要是干透的木材，如株树、刺槐、枣树等。面板接缝用胶带楔固定，档与板应涂上骨胶用木螺丝拧固。

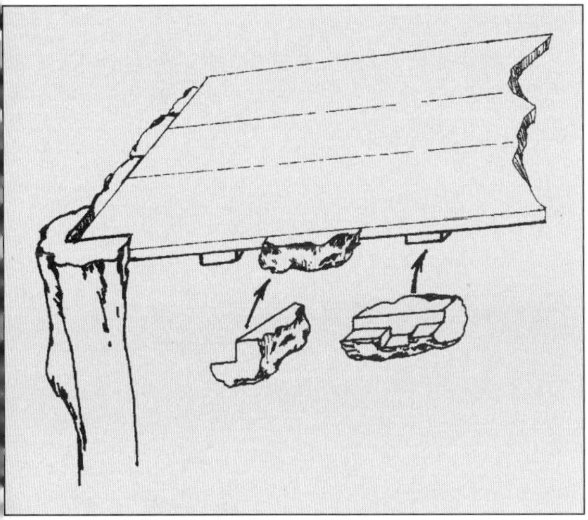

①-2.先将四条腿选好，并进行锯切试放，然后包边，为增加几架的牢固度，包边时，将底档边也包进去。盆景几架的包边料不宜过于粗大笨拙。

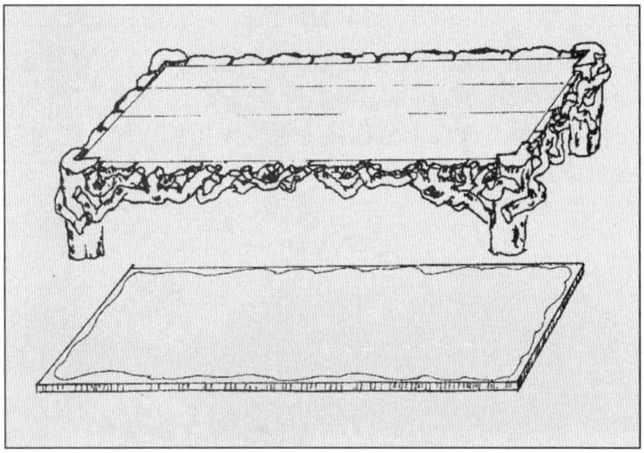

①-3.拼接造型完成后，用手提电刨将几架另一装饰面板刨平，然后置于桌面上，用笔从反面向上画标记，并按标记锯切，再用胶进行黏合，干后粘补、打磨、着色、上漆。装饰面板一定要是结实的杂木板，因盆景较重，置放时经常移动，若用三合板，很容易凹陷或脱胶损坏。另外要注意其木纹及色调整体统一和谐。

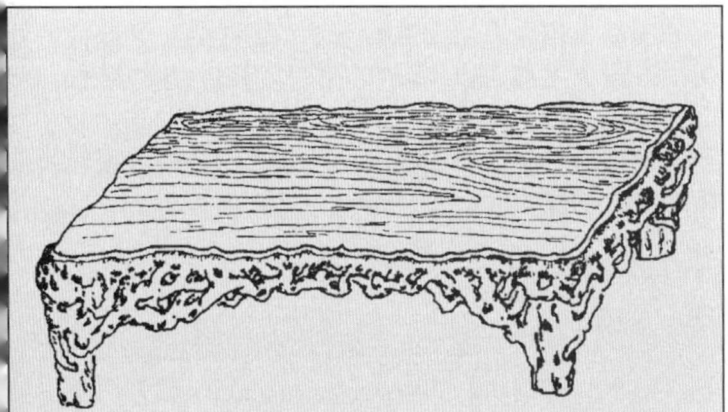

①-4.成品图。

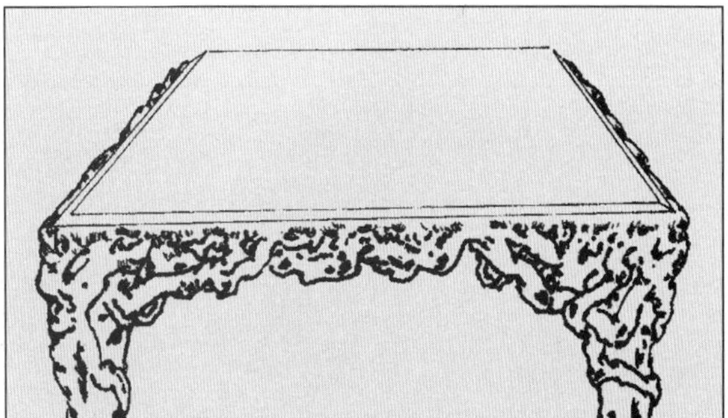

②方形盆景几架。与长方形盆景几架制作过程基本相同，但造型宜矮，并注意其承受力及面板的结实程度。

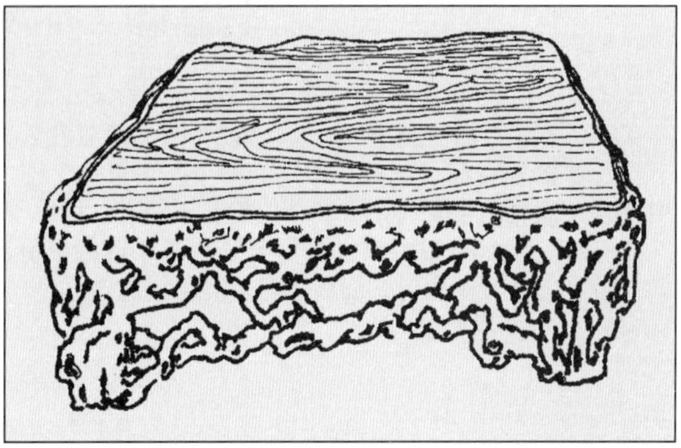

③自然形盆景几架。其桌面四边线条不直呈自然状，腿下部用根连接。因架较矮，包边料要小，选根要严，过粗显得臃肿，过细不易连接。选根要粗细适中，组合时要粗细相间，有疏有密。

④椭圆形盆景几架。其制作与长方形盆景几架的制作过程基本相同。由于几架较矮，包边料要小一些，装饰连接的根要细长一些。

⑤圆形盆景几架。其腿略向内倾斜，大头着地呈肘状弯曲。

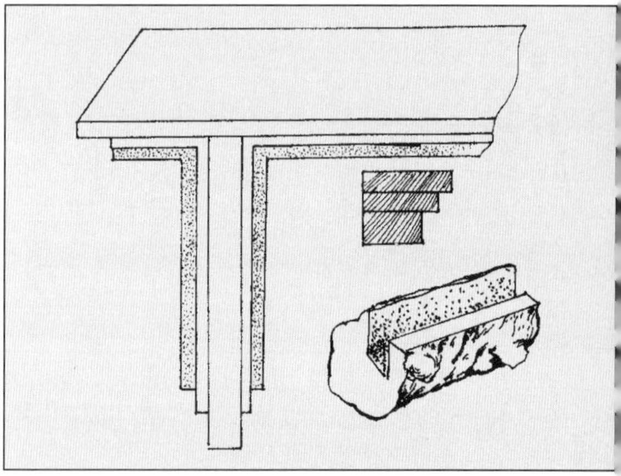

⑥－1.长条形盆景几架。此种几架较长，常作组合式盆景展览台用。先用干透的杂木按需要的尺寸制作好几架，再镶上三层牙边，最外一层要用根料包边装饰。将选好的包边根料锯切成“凹”字形，其深度与牙边相符合。杂木最好选择色泽深沉、硬度大的树种。根料可选择浸泡后的樾木根。

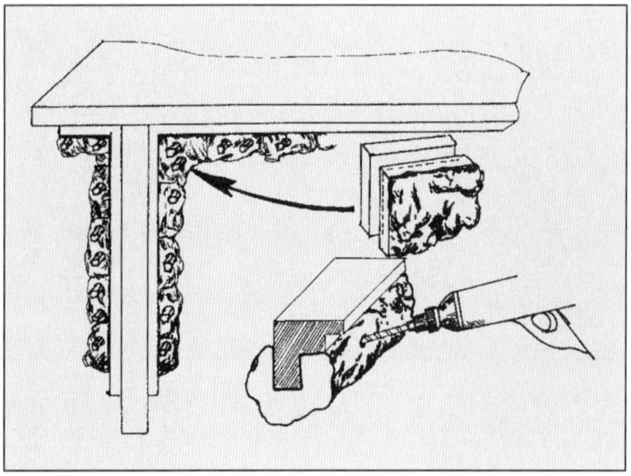

⑥－2.将锯切好的包边料进行装配，首先用手提电钻，在包边上钻眼直到牙边，然后上竹楔，用锤砸实。直角处的包边，可选较大根块，相交面要多锯切一些。此种茶几将规则式与自然式揉为一体，直线与曲线形成强烈的对比，给人以美的享受。造型完成后再雕凿、去皮、粘补、打磨、着色、上漆。做成本色，更能显其自然美。

⑥ −3. 以上包边完成后，如还想有些变化，可用弯曲多变的细根料进行二次美饰，又变成另一种款式。

⑧根拼式盆景几架。选择较粗的根段或树段进行组合拼接，拼接时，钻眼上楔固定。根段有杈根的可拼接在外围。然后刨面平底、雕琢、去皮、粘补、打磨、着色、上漆。

⑦瘦高形盆景几架。由于架较高，腿瘦长，根料选择格外严格。其根要长，直曲有力，衔接时要特别注意其自然效果和稳定性。

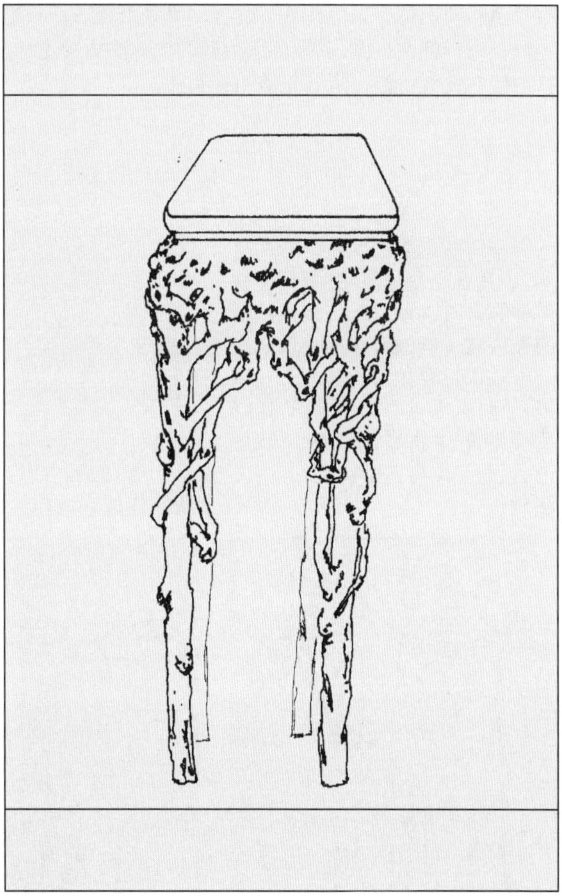

（三）文房用具

1.笔挂

①笔挂的根材选择，一般要有一定的高度和悬漏空间，其体积不能过于笨拙和肥大，底座要稍大。将选择好的根材，置于水中浸泡数月捞起，并将底面切平，去除多余的杈根再去皮、去污垢，阴干后打磨。用手电钻在根的上部打眼，然后选择粗细适合的竹枝切取数段竹节，制作成推拔状，用胶注入眼内，将竹节插入，插入时竹节略向上扬，以免挂笔时脱落。等胶干透后，对笔挂周身进行细细打磨，选择色泽相近的皮鞋油周身涂抹，再用软布反复拉擦，直到光洁明亮为止。

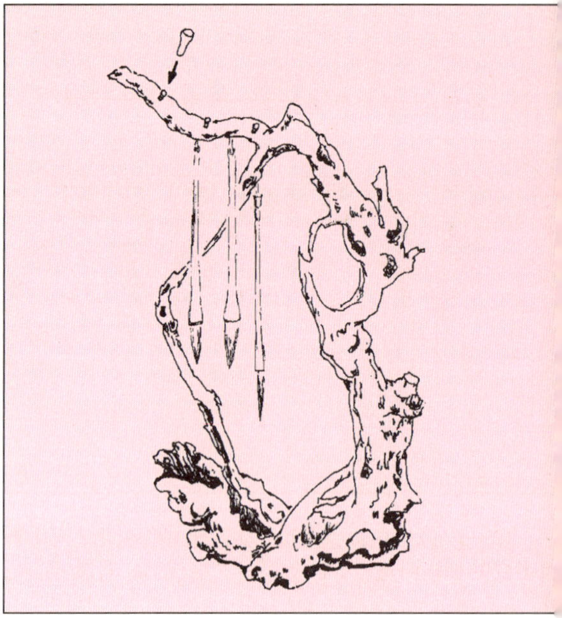

②有些杂木的树枝，弯曲自然，也适合于制作笔架。根据树枝延伸的方向，截取枝干，用来挂笔的枝应向一侧倾斜；用来做底座的干截取时要稍留长些，另一端则稍短，以求重心的稳固。选择好适合的角度将底面切平，然后进行浸泡或蒸煮，并按上述方法制作。

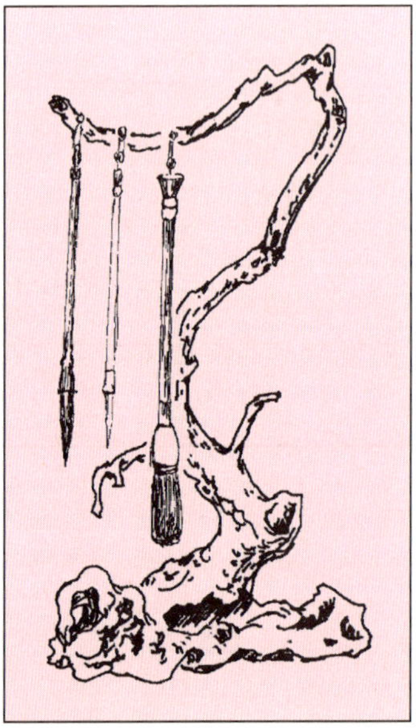

③这是利用弯曲得体的藤本植物制作成的笔挂。

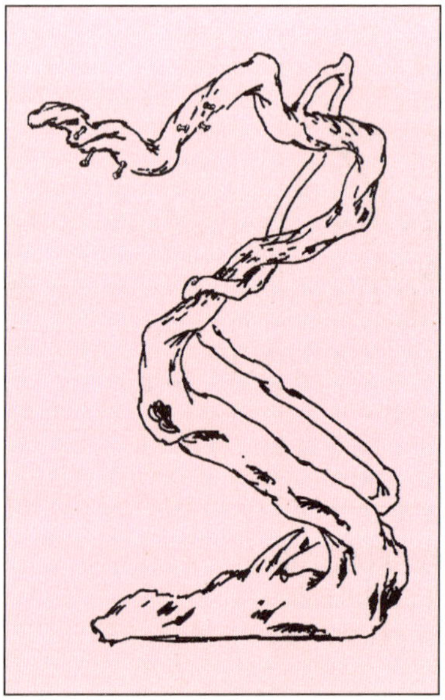

④一些较粗的树根或干，其侧有一两个粗细适中的根和枝并弯曲延伸，很适合挂笔。粗的部分用来制作成笔筒，细的叉根和枝用来制作笔挂，将笔筒和笔挂融为一体，既美观又实用。

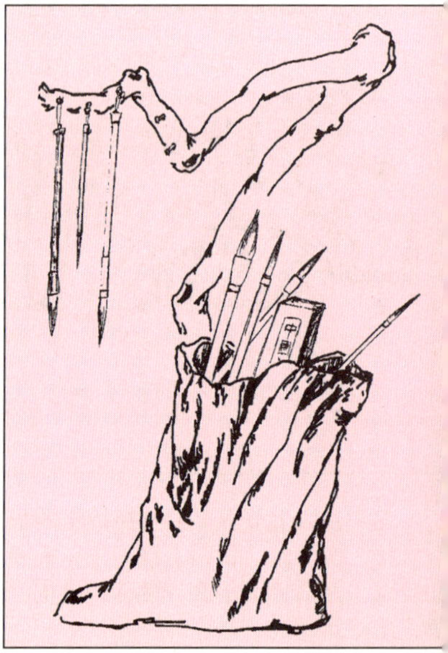

2. 笔架

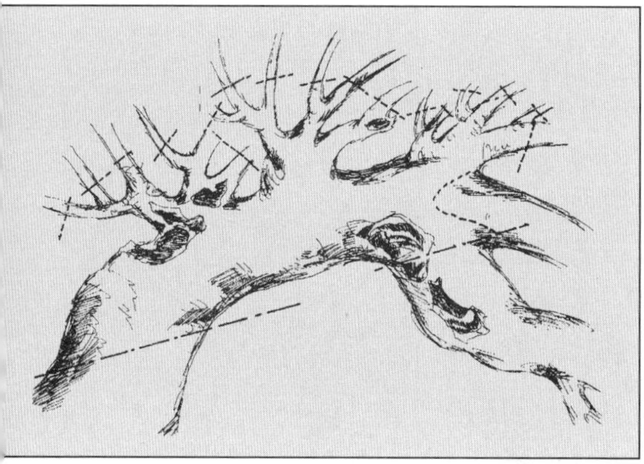

①-1.笔架主要用来放置毛笔，大多呈扁平状，不宜过高过长。像三角枫、榔榆，往往经虫蛀或人为的砍伐，很容易萌发较密的枝条，适合作笔架。如图所示，选择好笔架需要部分，用色笔标记，若胸有成竹则可直接截取。

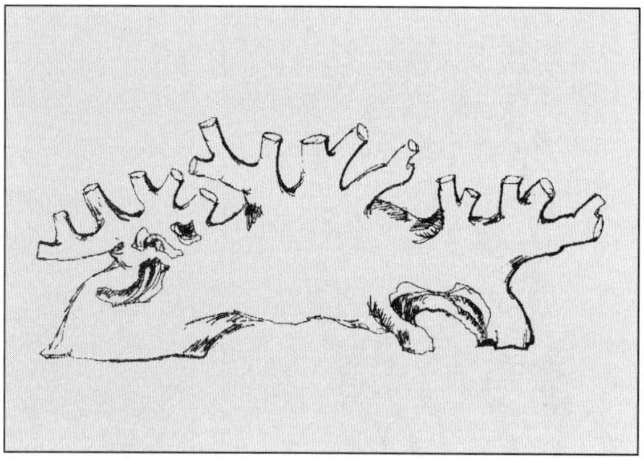

①-2.将截取的笔架材料置于桌面，反复审视，细致观察，确定好结构位置，再进一步锯切。根据笔架角度锯切底面，然后将根材进行去汁处理。

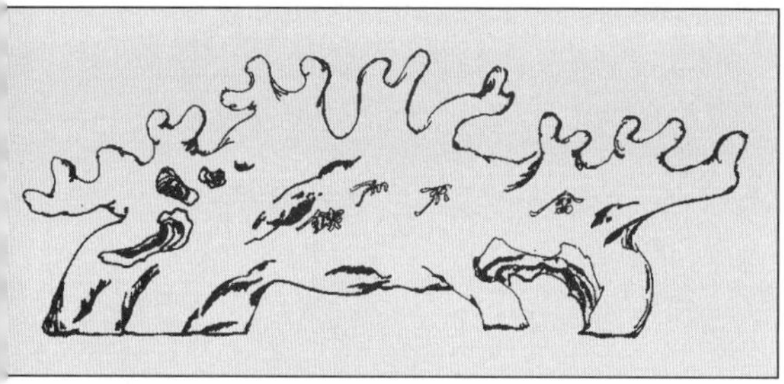

① -3.将根丫切面雕刻成馒头状，且使枝与干过渡自然。若架笔处较狭窄或深度过浅，则可人工开凿，然后进行打磨，完毕后在正面刻写自己喜爱的字句，再进行细打磨和抛光处理，然后用国画色石绿或配成石绿色漆，填入雕刻后的字槽内，最后对笔架周身着色上漆。

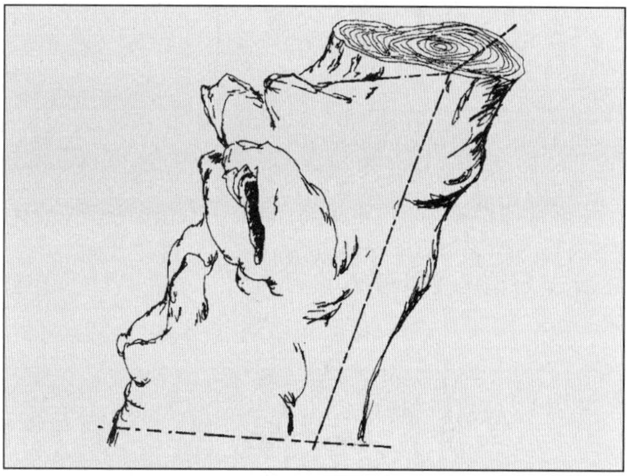

②-1.有些根生长在石缝中，厚拙而凹凸不平，很适合制作笔架。将截取的根材进行去汁处理后，锯切底面，其两端斜向锯切。

②-2. 锯切后进行雕琢，消除人工锯切的痕迹，使其自然并适合笔的摆放。

②-3.成品图。

3. 笔筒

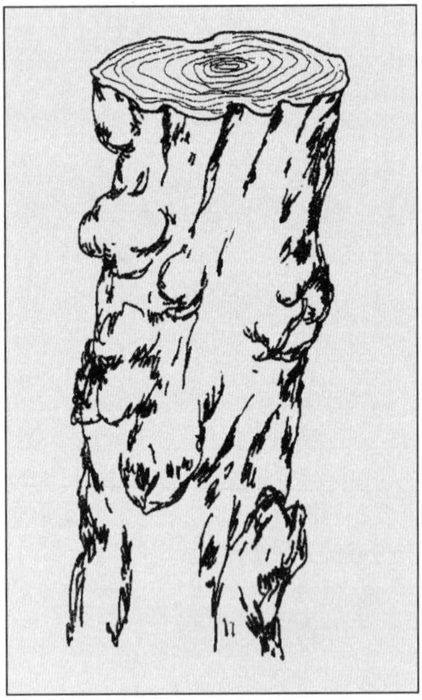

①-1.毛笔筒首先要考虑毛笔的长度，深浅适宜。有些较粗的根或干，表面凹凸不平、疙疙瘩瘩，是制作笔筒的理想材料。先截取需要的一段，进行消毒、去汁处理，然后阴干。

①-2.用电钻在根段截面打眼。打眼时要注意眼四周的边缘线，应和根干外轮廓线相一致，给人以自然的感觉。然后进行去皮、雕琢、打磨、着色、上漆处理。

①-3.毛笔筒成品图。

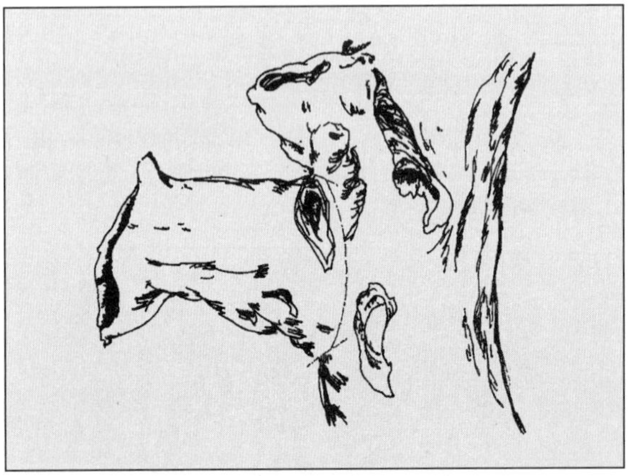

②-1.有些根木由于受虫蛀或自然老化，疤疤点点，中心部自然空洞，是制作笔筒的理想材料。图示为一主根，中心部已空。将侧根锯切下来，主根截取一段，可制作成两个笔筒，一个为立式，一个为卧式。

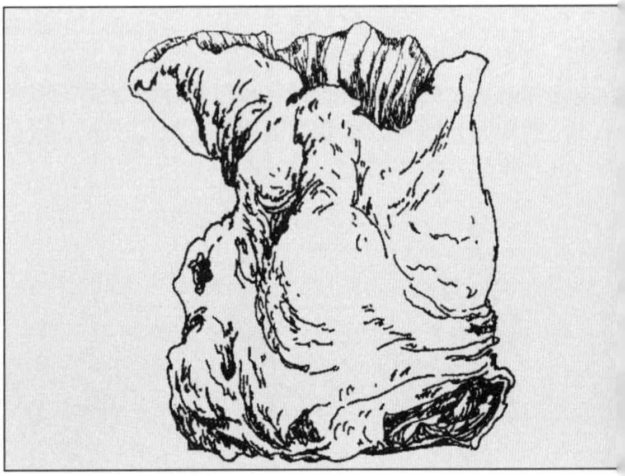

②-2.立式笔筒成品图。

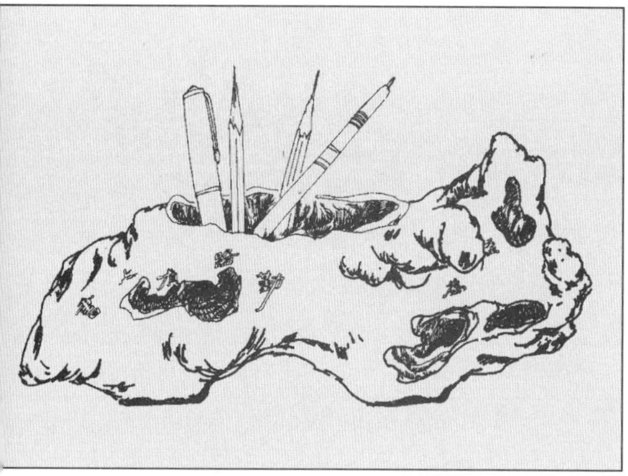

②-3.卧式笔筒成品图。

③有些根材为并连状，一粗一细，可将粗根制作成笔筒，稍细的部分雕琢成人物或动物等，别有情趣。

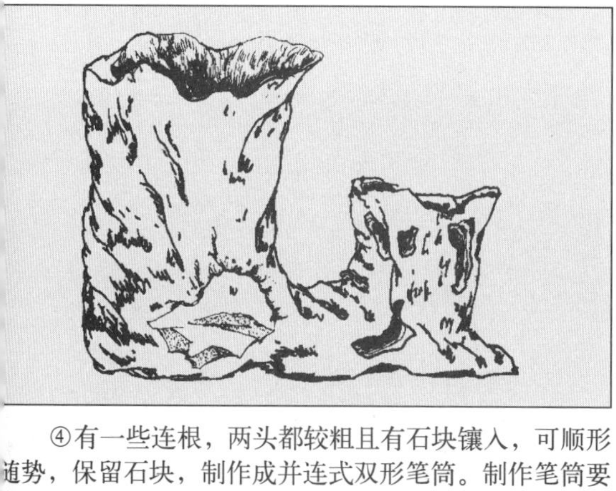

④有一些连根，两头都较粗且有石块镶入，可顺形随势，保留石块，制作成并连式双形笔筒。制作笔筒要善于发现，善于取材，顺其自然，因势利导。

4. 画筒

①画筒和笔筒的制作方法基本相同，只是在选材上有所不同。画筒要粗大，高度大大超过笔筒。笔筒置于桌面，而画筒一般置放地面，画卷既粗又长，所以画筒的根材要粗、要高，且要注意表面纹理、肌理的自然效果。若表面平庸一般，制作画筒则失去意义。若有条件最好选择扁平状根木切片制成底座，可防画筒置地受湿而腐朽。制作时要注意洞穴表面的处理，因为画筒置放国画，若表面有毛刺很容易伤害画卷，故制作时洞穴里面处理要光滑润洁。图为用树木根基制作的画筒。

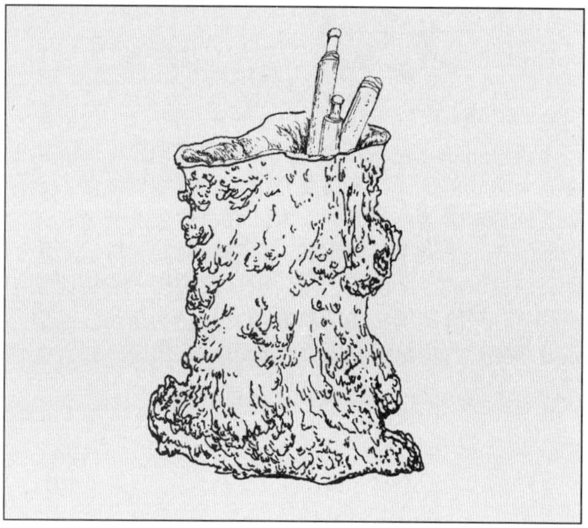

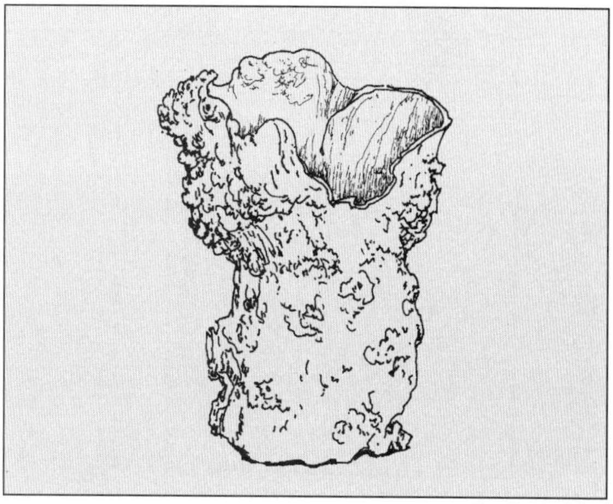

②有些粗大的根材，由于老化或虫蛀剥蚀形成自然的“洞穴”，这也是制作画筒的理想材料。如干心空洞穿透，则可在底端装置木板。

5. 镇纸

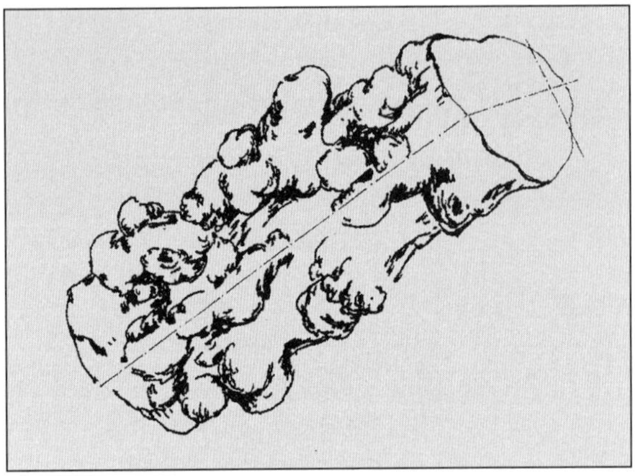

① -1. 镇纸是画国画时用来镇压宣纸的，所以镇纸要有一定的重量，其表面要光滑，以防划破纸张。选择表面疙瘩较多凹凸不平的杂木，截取适合的长度，去汁处理阴干，先沿中心部锯切，再沿切面的一侧或两侧锯切，使之形成三个切面。然后用扁凿或刨子沿切面的相交线，轻轻地凿刨，使所有的相交线呈小弧状。打磨一定要精细，这样镇纸在纸面滑动时不易伤害纸张。制作完毕，着色上漆。

① -2. 成品图。

②选择块状根制成的镇纸。有些根块有明显的柄状体且自然奇特，可将其底面切平，并将上部雕刻成动物或人物的头像，使之更加有趣。

（四）其 他

1. 屏风

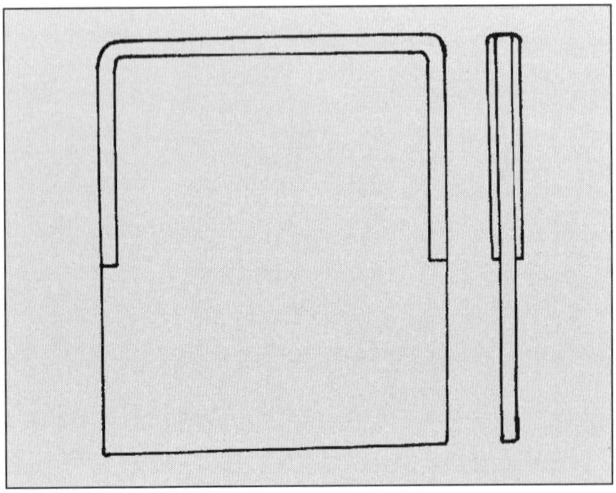

① -1. 根据需要的尺寸制作好屏风面板及上半部的边框。

① -2. 装腿。因屏风体积较大，腿部根材尽量选得粗大一些，正反两面的腿与板呈小喇叭状张开，在腿上部切一沟槽，将面板嵌入并用电钻打眼上楔。

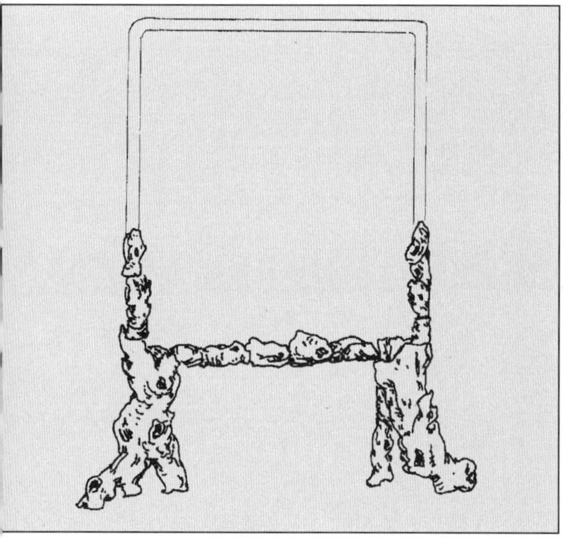

①-3.面板下部包边。

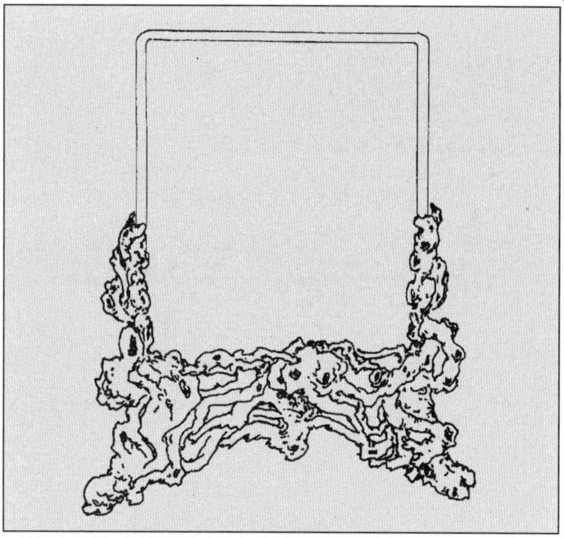

①-4.选择粗细适中的长条根进行牵拉加固、美化。中间的根要稍微粗大一些、自然一些。腿部的饰根细于腿根且与腿根紧凑，无松散乏力之感。拼接要自然得体，如同自然长出的一般。

①-5.准备好屏风根字材料。根字材料笔画粗细、长短无妨，但不论是草书、隶书还是行楷、篆书都不能增加或减少笔画而使字错。尤其是草书更要讲究，一笔之变可能完全成了错字。在根料选择上，要有所谓的“枯”“湿”变化，即根既饱满圆实，又有枯烂的洞穴和疤、瘤、块、疖，这样制作出来的根字才能将书法之美和根雕艺术之美融为一体。

①-6.根字上板固定时，可用手提电刨将接触到板面的根材推一水平面，然后将字假置屏风的板面上，远观是否端正，调整定位后用色笔标记每条根的外轮廓线，防止安装时跑偏。用手电钻在接触面打眼涂胶上楔固定即可。

①－7.准备好面板上用的根画材料，未上板前这些根料需进行粗加工，以免上板后操作困难。

①－8.梅花桩的装置方法与装字相同。一些小的梅花连接可用对接、斜接、插接等方法，一般情况下与板的接触面越大稳固性越好。这些部位的黏合剂可选用立时得胶或其他黏合性能好的胶。

①－9.造型拼接全部完成后进行雕琢、去皮、粘补、细加工、平底面、着色上漆。对字画的雕琢要格外慎重，不能用刀过猛刺伤屏风板面，某些关键的部位可双手持刀，细心削切。去皮后用聚酯胶加木粉调成泥状进行粘补，干后用抛光机对刀痕或洞穴进行磨压。然后再进行人工打磨、抛光，最后将屏风底部找平。把赭色国画颜料稀释，用排笔蘸色周身罩刷2～3遍，再用干布擦除颜料浮粒，干后用清漆薄薄周身涂刷2～3遍，每涂一遍摩擦一次。上清漆一定要薄，漆也要调稀一些，忌浓稠厚刷。

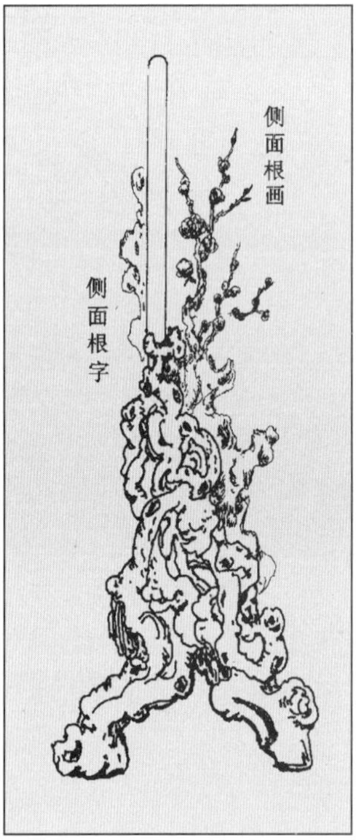

②这是用天然根制作而成的屏风。

2. 衣架

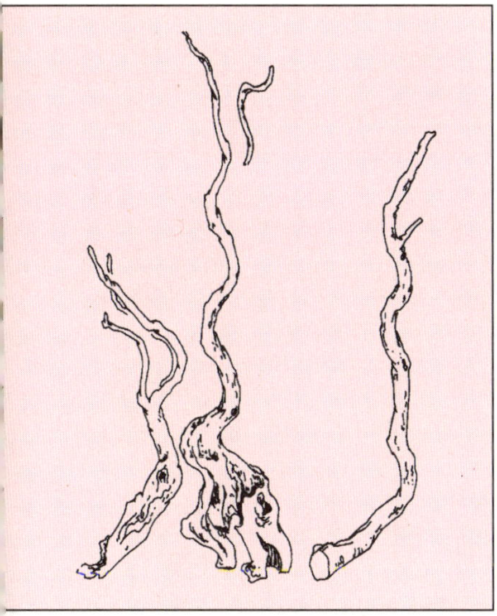

①－1.先选择下粗上细的主根，再选择辅助根材进行组合，若根材已进行去汁处理可直接拼接，拼接前要注意落地部分的稳固，上部枝要能悬挂衣物。首先用手电钻在连接部位打眼，并带胶上竹楔拼接，然后再雕琢使其自然。挂衣物的根端制成圆弧状，以免损坏衣物。造型完成后再粘补、打磨、抛光、平底面、着色上漆。

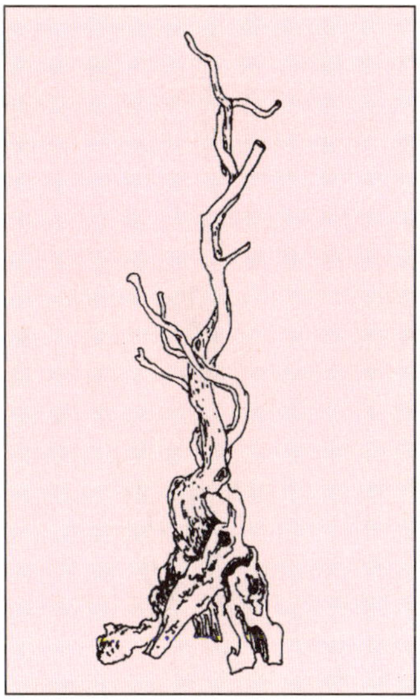

①－2.成品图。

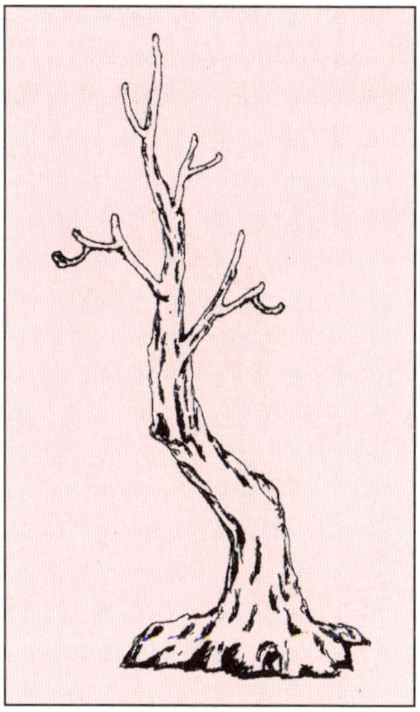

②衣架根材的选择要有一定的高度，一种是用根木拼接，另一种是挖取树根时，若枝干造型适合制作衣架，则可直接取用，再进行浸泡、阴干、锯切、雕琢、打磨等工序的加工。此图为树干式衣架。

3. 拐杖

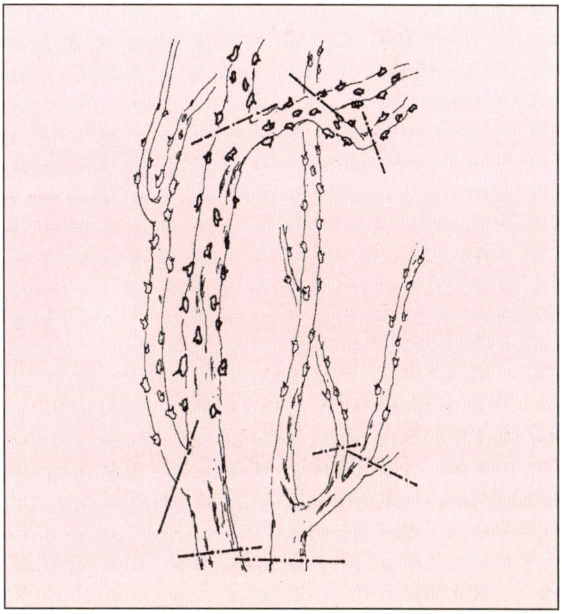

①－1.拐杖的取材十分广泛，根、枝、干部都可以选用。加工的方法大致有两种，一是自然式，二是人工雕刻式。自然式主要依赖根材的自然形体，顺势造型；人工雕刻式，依靠人工雕刻，一般常用的方法为将拐杖的握柄雕成十二生肖或其他形象，有的则在拐杖干上雕刻花鸟或书法。此图为花椒树干示意图，该树满身是刺，削去刺尖后，其凹凸不平的刺桩有活络经血的作用。选择粗细、长度适合的花椒树，用色笔标记，然后锯截。

①－2.截取的材料因需保留刺状体，不宜浸泡和蒸煮，以免脱皮后造成刺状体脱落或松动，采取自然阴干的方法较为妥当。阴干后用刀削除刺尖，然后用砂纸反复打磨，直到光滑为止。

①－3.此图为上一个拐杖同一株树上采下加工的另一拐杖成品图。

②图左为藤木制成的拐杖。图右为藤木缠绕树干后，树木生长时藤蔓嵌入木质部而形成沟槽，加工时剔除藤蔓，其沟槽显露，制作的拐杖另有一番情趣。

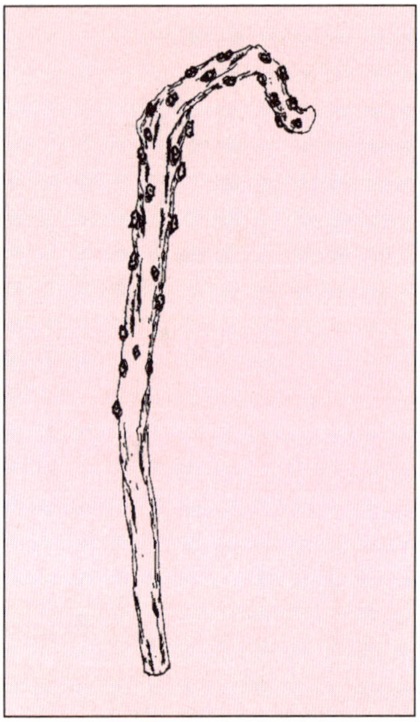

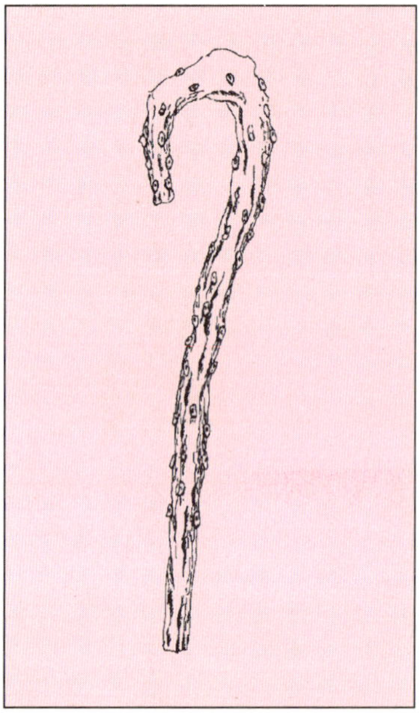

4. 插花容器

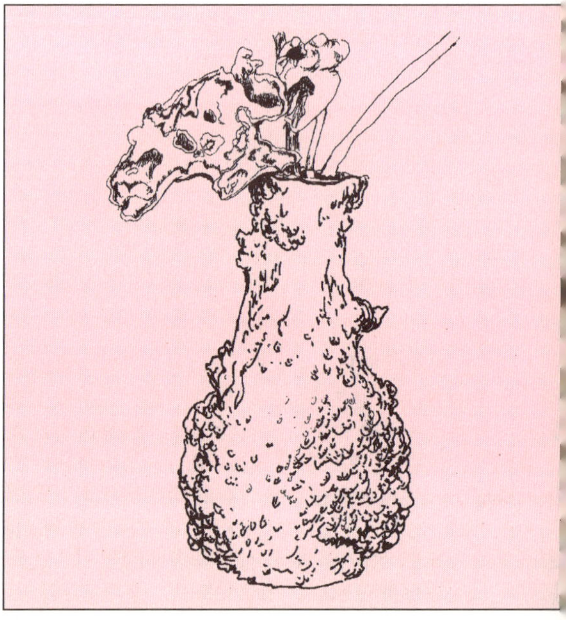

①用根材制作的插花容器既古朴又有一种根材特有的美。植物与植物相配，更显得自然、和谐。此图为用根木基部制作而成的花瓶，既可插置鲜花，亦可用根块制作花卉植物插入其中，长期置放。此瓶的刺状体尤为别致，去皮、打磨时要谨慎保护。去皮时最好采取鲜剥法或浸泡蒸煮后乘潮湿表皮松软时，用小木锤轻轻击之使其剥落。打磨时，毛刺尖打光、打平即可。瓶中洞穴开凿后，要光滑且要涂上防水漆或桐油，以免插鲜花灌水后腐蚀木质部。

②这是用漏空的根木稍加雕琢后制作的插花容器。比类插花容器要善于捕捉其怪拙形象，悟其拙中生美的感受，方能妙选其材。这样的插花容器不同一般，特别有个性。花材插入后，更显得精彩动人。

③这是用根干制作的插花容器。此种插花容器瘦高挺拔，妙趣横生。

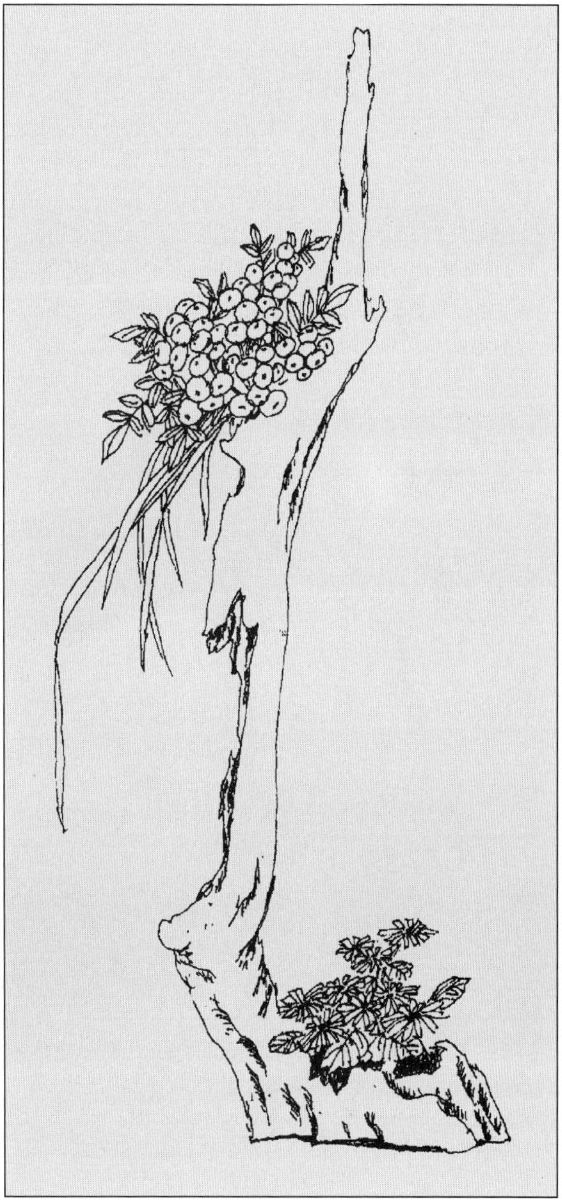

5. 盆钵

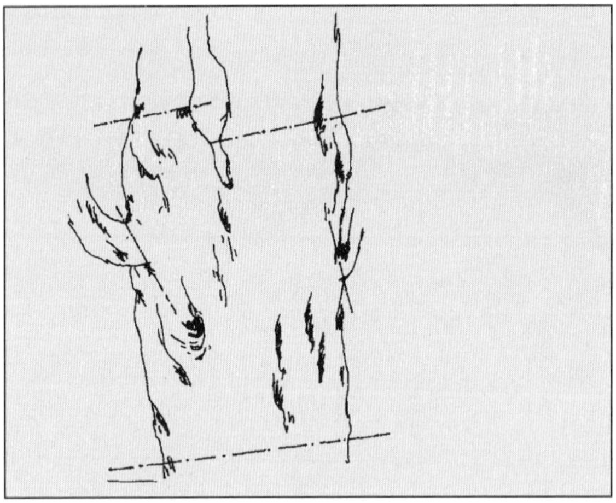

①用根材制作的中小型盆景盆钵，十分雅致，耐人寻味。选择粗壮的根材，反复审视后，用色笔画上标记，进行截取，然后放入水中浸泡或蒸煮消毒去汁。

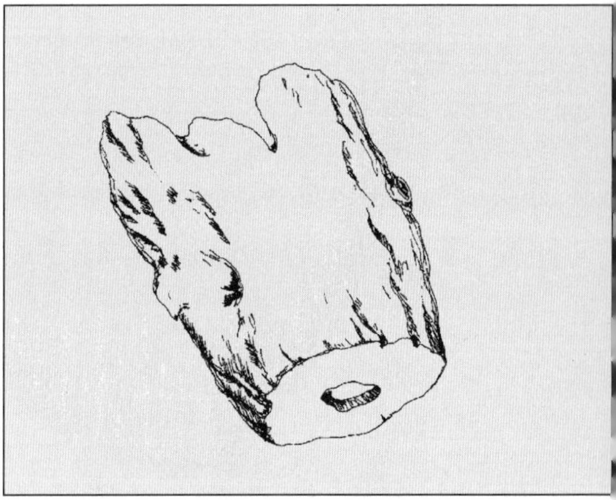

②用刮铲清除根皮，用雕刻工具，按该材料的木纹走向，模仿自然进行雕琢。制作的口面，应尽量雕刻得自然，虽由人做却宛如天成。因种植植物需要经常浇水，故在底端要挖一孔洞，以便排水。盆底以锅底状为好，防止长期积水腐蚀木质部而缩短盆钵的使用寿命。盆钵内壁最好用桐油或防水漆涂刷2～3遍，形成漆膜，水就不易渗入木质部。

6. 烟灰缸

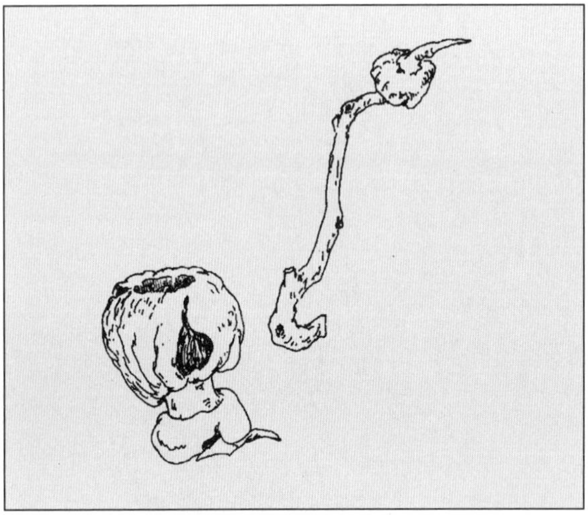

①－1.制作烟灰缸的根材比较好选，凡有一定体量的根材都可以用来制作烟灰缸。此图为一松树瘤，用木钳夹住它后，在顶端挖一洞穴，并在侧面也挖一洞穴，将另一带枝的松树瘤嵌入其中，以增加作品的趣味性。

③栽植盆景后的成品图。

②这是用根块制作的烟灰缸。在石山挖取根材时，扁平根块特别多，一些小件用来制作烟灰缸尤为适合。根块稍加锯切后，用凿子修饰，打磨、抛光后即可使用。穴内最好涂防火漆，以防烟头着壁后产生异味，也可不上漆、不着色。

① −2．松树瘤烟灰缸成品图。

7．果盘、根托

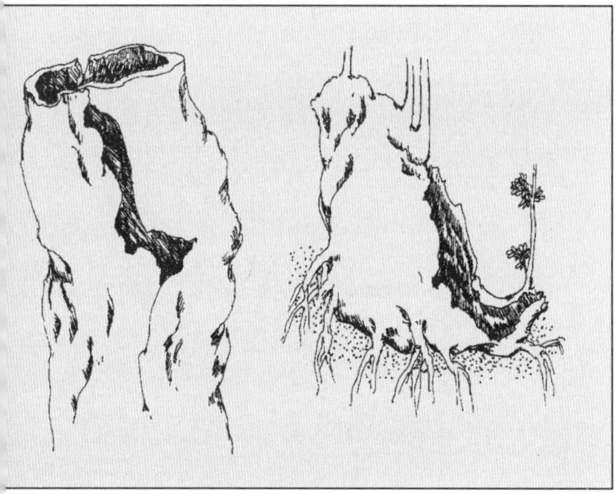

① −1．果盘的根材大多数为从石山挖取的扁状根，如赤楠、黄荆等，见图右。另外一些粗大的根、干中间全部烂空，残存的木质部又非常坚硬，截取一段，从中间剖开，稍加雕琢即可，见图左。将挑选的根材置于水中浸泡，捞起后去皮阴干，再根据造型需要进一步修饰整理，烂面可用钢丝刷反复拉刷。

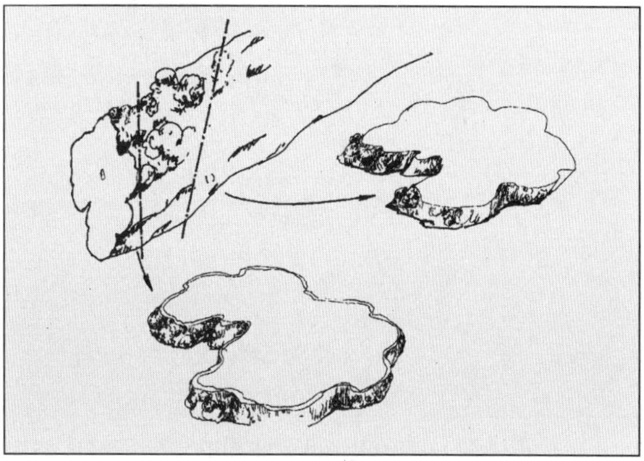

①−2.用扁状根制作而成的果盘成品图。

② −1．根托是物品底面的垫物，能起到衬托物品的作用。如瓶、砚、电话、盆景、赏石等如置放在精致而又古朴的根托上，一定能锦上添花，增色许多。一些粗大的根材，表面疙疙瘩瘩且沟槽深陷，可锯切制作为根托。一种是垂直锯切，一种是斜切。锯切后再按需要进一步加工。像赏石根托，则要沿石底部外缘线在根托上略加挖凿，以便托稳赏石。

②-2.根托成品图。此托为平台状，可置放电话、盆景，也可陈设立式根雕艺术品等。

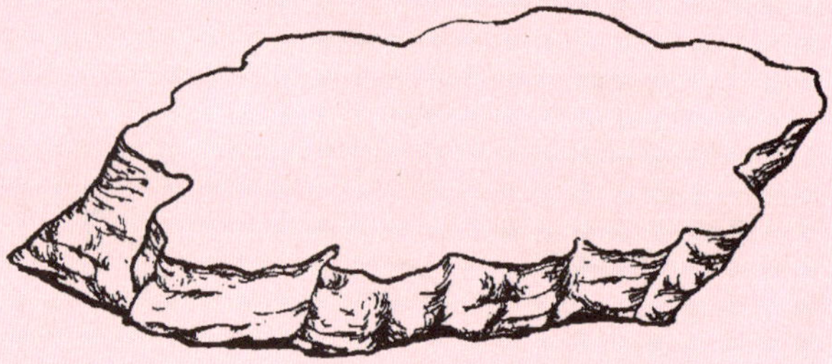

观　赏　类

（一）动　物

1. 金鱼

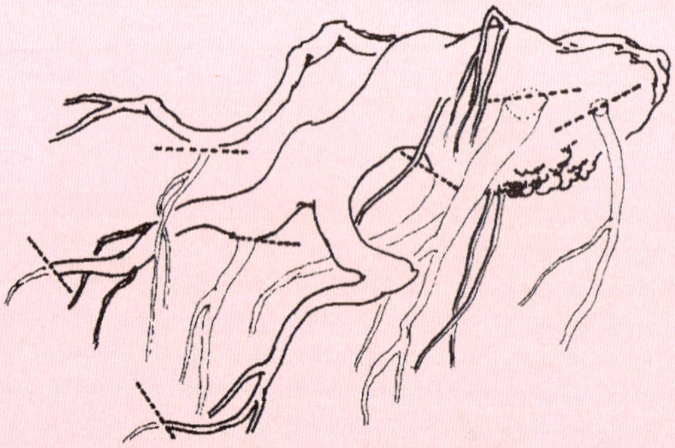

①该根酷似一条金鱼，但一些根的走向不够理想或长度过长，其头部的根也显得多余，仔细观察定位后，大胆裁截，留足去够。

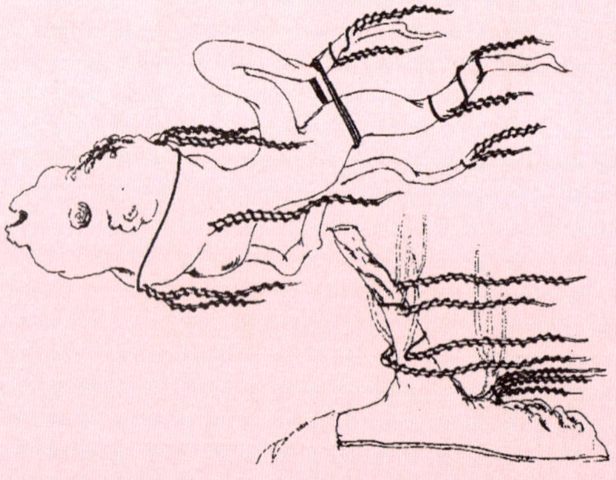

②在未除皮前，对一些较细的根可选择不同型号的金属丝进行绑扎，若枝条较干或塑性差，可置于水中浸泡数小时再绑扎。绑好后放在风口吹晾10天左右，枝条基本定形后则可撤除金属丝。一些较粗的枝条不易绑扎，可采用牵拉的方法，粗枝具有很强的反弹性，牵拉时的力度要大。若一些粗根需要拿弯则应烘烤，可用金属丝辅助拿弯。绑扎、牵拉定形后，再去皮、雕琢、打磨、着色、上漆。头部锯切一枝杈留下的疤痕作鱼的眼。

③配座成品图。配座要能点明主题，并与主体形象相呼应。为了表现鱼在水中游动的感觉，底座上的小根绑扎成水平状，其座的切面木纹呈横线流动状，这无疑增加了水的流动感。

2. 袋鼠

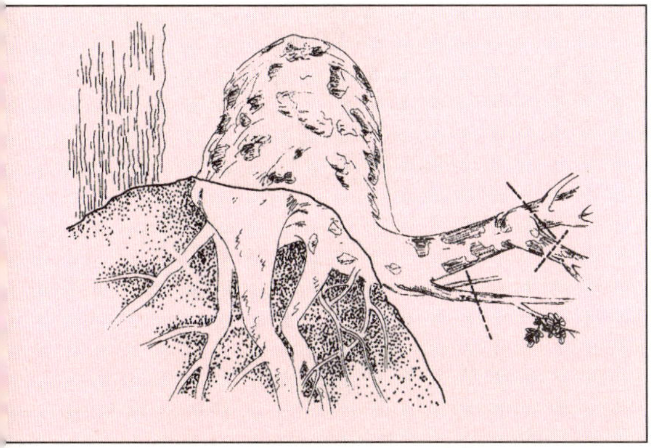

①冬季寻找树根时，常常遇见一些树的根高高隆起，凸出地面，此时不要急于取舍。先将凸出的根周围的土挖掉，使在泥土中的部分充分裸露。仔细观察，构思基本确定后再挖掘、锯截。截根时留根宜长不宜短。

②将采挖的鲜活根置于活水池中浸泡，若在死水池内浸泡，发现水有异味或水质发黑则需换水，浸泡时间以过一个冬季再过一个夏季最为理想，少则一个冬季或两三个月也可。根泡好后捞起，因长期的浸泡，树皮松软与木质部松脱，此时去皮轻而易举。剥皮后切不可将根放在阳光下暴晒，这会导致根发生裂纹或裂开；也不能放在风口急吹，因水中捞取的根材非常潮湿，去皮后若水分蒸发太快，就容易导致根材裂开。所以去皮后应置于阴凉通风处，让根材缓慢阴干。

③阴干后用雕刻刀对袋鼠的头部略加刻画，对腿、尾等的长短要精确到位。锯切时要注意作品稳定程度，切不可顾此失彼，既要美观好看又要稳妥。打磨、抛光、着色后，给作品配个理想的底座。

3. 猫头鹰等

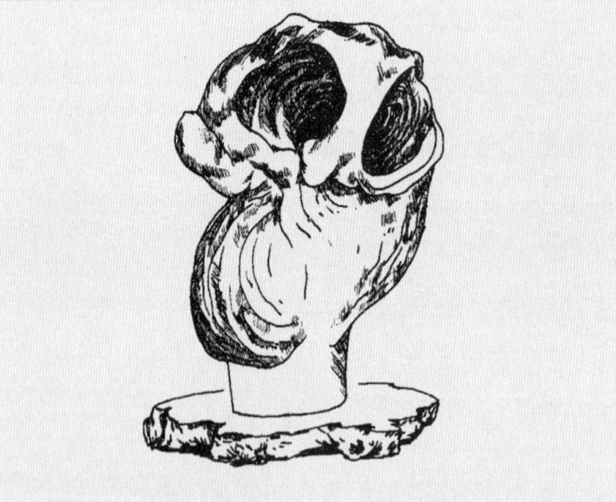

①该作品根材为松树瘤，头部凹陷处似猫头鹰的眼睛。每种动物都具有其典型的特征，在根雕艺术创作中抓住特征，寻找发现特征最为重要，其次才是表现、刻画(雕刻的方法)特征。

②此图利用柏树缠绕弯曲、回旋扭折的干身及纹理展现一种自然美。为了更加协调和完美，对头部精雕细刻。头部造型完成后，局部仿柏树的纹理进行雕刻。该造型表现了八大山人笔下的鸟，似像非像、怪拙有趣。

③该树根造型整实，较为抽象。其加工过程同其他根雕艺术作品一样，要经过锯切、去汁、除皮、雕刻、打磨等工序。该造型虽然未动一刀，但其固有形象非常明显，既似人们喜爱的哈巴狗，又像顽皮的小狮子。其底座用粗根的横切片相叠而成，增加了作品的活力和灵性。上部造型整实，若下部也整实则有呆板之嫌。

4. 鹤

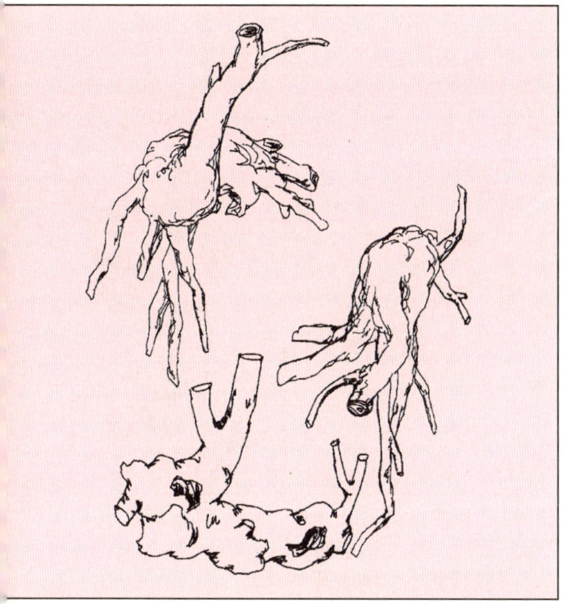

①鹤的造型特征是嘴长、腿长，颈部变化比较大。鹤的根雕艺术造型，常常用组合式方法进行。鹤是“一夫一妻”制，且忠于“爱情”，所以人们常用两只鹤进行组合造型，这不仅符合生活实际，也充实丰富了作品内容。图为根材原料。

②对根进行裁截。剪裁时本着去够留足的原则，像鹤头部的顶就稍大一些，脚、颈尽量留长一些。剪裁后将根浸泡在水里，若在死水池里，要勤换水。在换水的同时，用稍硬的毛刷刷除根表面的污浊物。若冬季浸泡，来年过夏后在9月即可捞起，趁湿及时除皮，然后置阴凉处晾干。稍干后，对鹤的头部进行雕刻。鹤的脚、尾巴以及底座在锯截时留下的平面也要通过人工雕琢使之趋于自然。雕琢后打磨要细，着色上漆以本色为好，配座时可将鹤固定在底座上。若需外运，还是采用活插的方法较好，即在底座上打洞眼，将鹤的脚制成与洞眼相符的粗度即可。这样外运时可分开包装，用时再插。

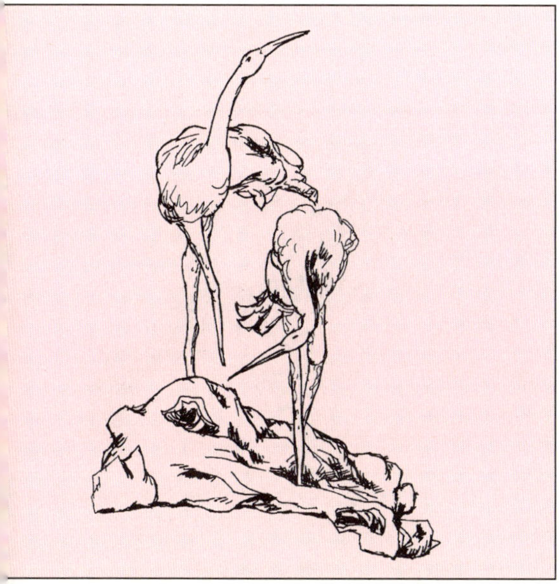

③成品图。

5. 鹰

①鹰的底座根材，其大小、高低要与选择的鹰材料相配，且要稳固。

②鹰的根材要具有鹰的雏形和特征，若缺少某一部分则可用拼接的方法来弥补。鹰的形态有多种多样，俯冲的鹰翅膀与足呈收拢状态；刚刚落下的鹰，双腿伸出，两翅外张；站立的鹰双翅紧收。只要原材料符合其中的一种即可用之。底座与鹰的根材确定后，进行浸泡处理，阴干后进行雕琢、去皮、打磨、抛光。鹰与底座连接时要把握好鹰的重心，若重心偏斜，连接时易摇晃不稳。其连接的方法小件可用固定式，大件则用拆卸式，这样易于搬运，最后一道工序是着色上漆。

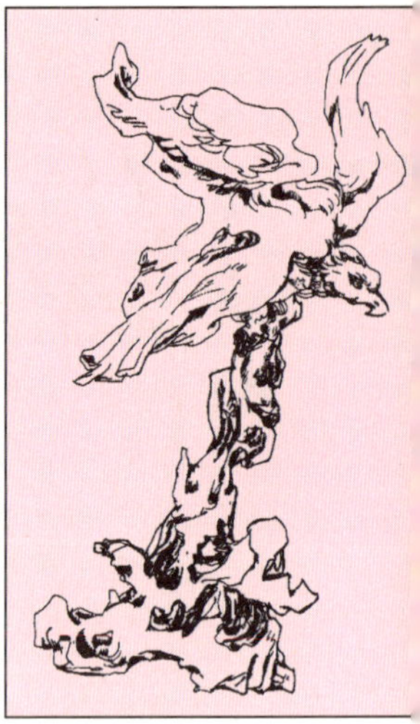

③成品图。

6. 牛

①在根材中有很多呈扁平状、圆片状的根，大部分都是生长在石头夹缝中，这样的根多数有比较理想的肌理。图上的扁状根体具有牛的明显特征。

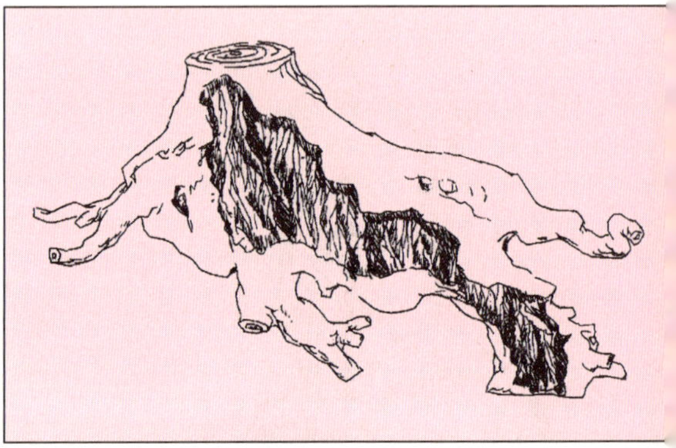

②根据牛的造型，锯截多余的根，使牛的形象更为明显。

③对人工锯截后的截面，如牛足、牛背等处粗略雕琢，使其自然并符合牛的形体要求。

④对牛的眼、背、足、尾进行细致的雕刻，并根据牛的整体形象配座。

7. 龟

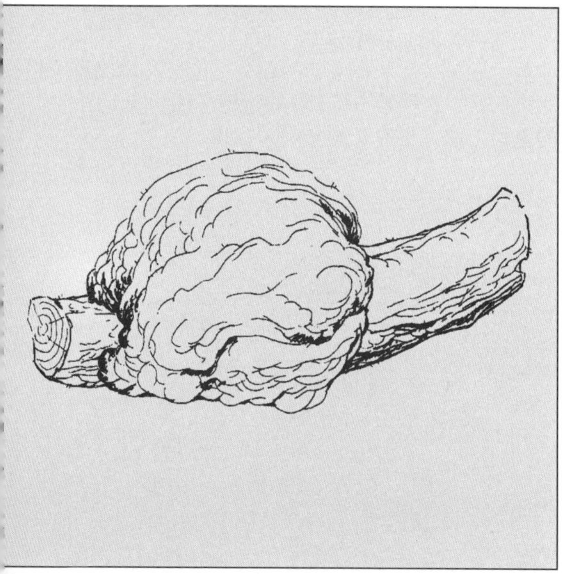

①图上根材具有龟和鳖的特征，就龟和鳖而言该树瘤更像龟。构思成熟后即可加工，雕出龟的头部和尾部，其身体部分保持根材原来的自然形态。造型结束后进行打磨、抛光、着色上漆。

②成品图。

8. 鹿

①此为用树根制作而成的比较具象的鹿。在鹿的选材加工造型过程中，要善于抓住鹿的某些特征，如鹿的角就非常有特色，并能与其他动物区别开来。

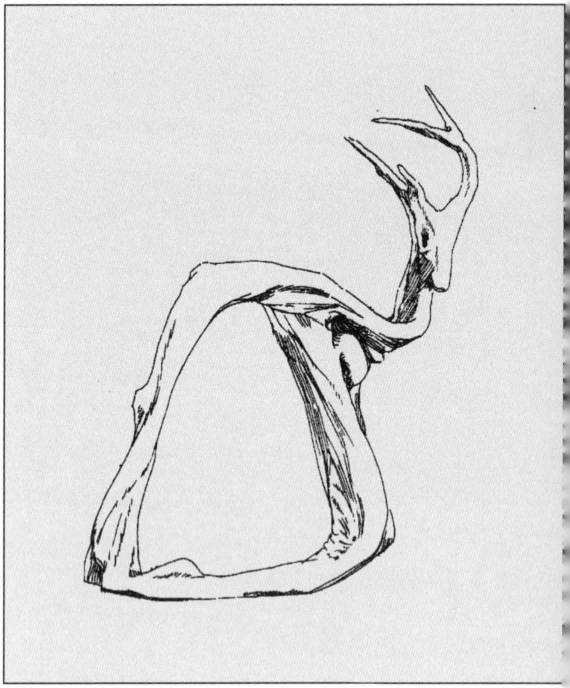

②此为用扁状根体制作的鹿。该造型似像非像，作者着重强化了鹿头部及角的雕刻，但又基本保持了根的原来形状。这种半“写意”的造型方法，较上图“写实”的造型方法，更有意趣和耐人寻味。

9. 其他

①用枯根材制作的鹰。

②用自然根材制作的马。

③用自然根材制作的虎。

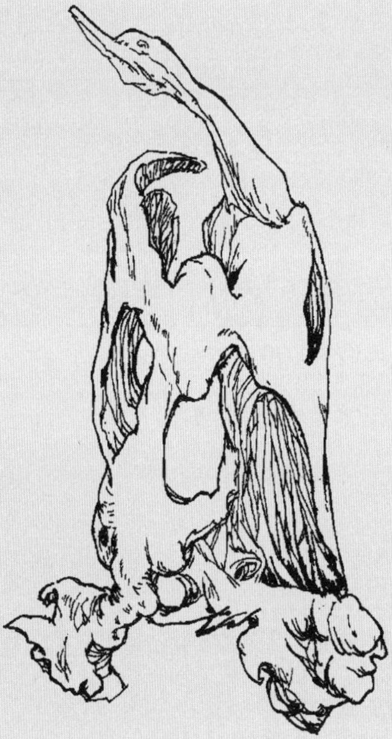

④用空洞式的根材制作的雁。

⑤用自然生长连接一起的根材制作的熊猫。

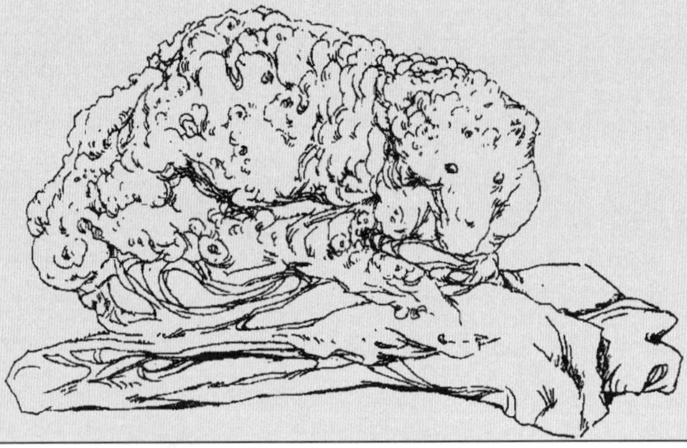

⑥用疙瘩根块制作的刺猬。

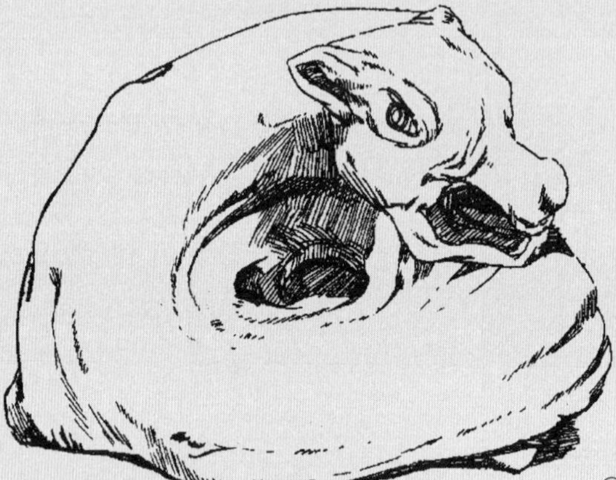

⑦用卷曲的根材制作的牛犊。

⑧用团状根块制作的狐狸。

总之，在根雕艺术的动物造型中，要善于在根材中捕捉、发现、挖掘其潜在的动物形象，顺其材料的自然形态，因势利导进行加工制作。在确立作品内容方面，所表现的动物形象应该使该材料最美的部分获得最大限度的表现。在造型中要抓住动物最典型的特征去刻画。在形象典型特征的雕刻中，要准确、生动、到位。

（二）植　物

1.白玉兰

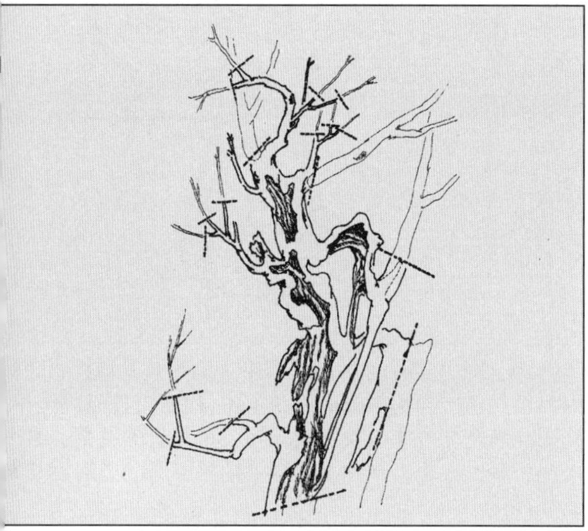

①白玉兰为落叶植物，先花后叶，花时白色茫茫、特别雅致。选择一株造型自然的根，剪除细枝，平好底面，剔除污垢、泥石。

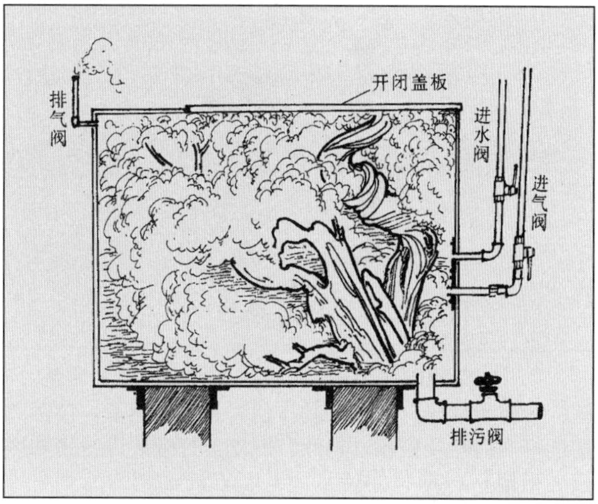

②将裁截好的根材置于蒸汽箱内蒸煮。蒸汽箱可用厚钢板焊接。蒸煮时首先将根材置于箱内，注入水，淹没根材，最后放汽。蒸煮时粗根时间要长一些，体量小的根材蒸煮时间要短一些。蒸煮后去皮、阴干，切不可暴晒或急吹，以免开裂。

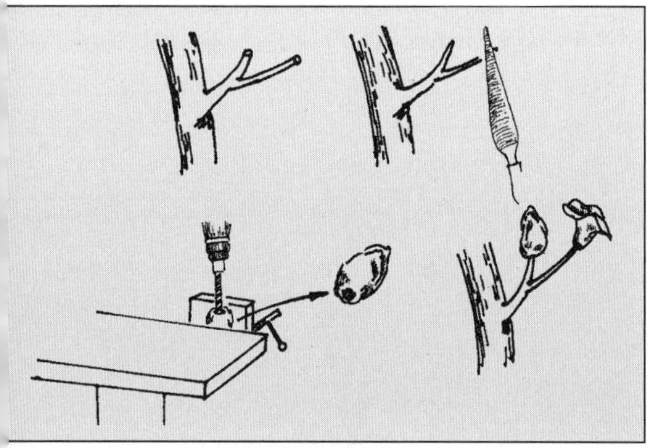

③根材阴干后对需要“嫁接”花朵的枝用木锉锉成椎拔状，再将作白玉兰花蕾的材料进行加工。具体做法为：将花和蕾固定在钳台上，花蒂向上用手电钻钻孔，钻头的选择与插枝粗细相近。粘接时可选用赣西化工厂通用双管胶粘剂 CH31B 和 CH31A 混合使用。CH31A 主要加速凝固时间，掺入过多易脆。此胶有白色和棕色之分，可根据材料的颜色来选用。“嫁接”工作全部完成后，对白玉兰树周身进行打磨、抛光、油漆成本色。

④成品图。根据树的宽窄大小选择一块扁平状的、大小适合的自然底座，进行加工。可在底座上开槽将白玉兰树嵌入带胶固定成整体式，亦可用螺丝固定，自由拆卸。

2. 荷

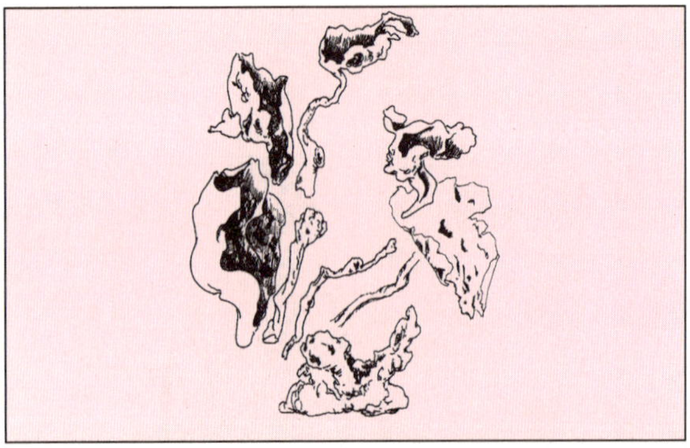

①－1. 荷的制作关键在于原材料的选择，尤其是叶、花、蕾较为难寻。若人工制作则失去了自然美。该图为挑选好的荷叶及底座。去汁、去皮、打磨后进行带胶拼接。根据材料形状的特点，本着牢固美观的原则，可采取任何一种拼接方法，如对接、靠接、竹楔连接、插接等。

① －2. 成品图。拼接时要注意构图及其稳固，同样的材料往往因为构图差而成为劣作，构图精妙而成佳作。构图注意把握好主与次、疏与密、座与景的关系。有一块材料较大且重，单独立起容易摇晃，所以竖起后与背景相拼接。

②此图为又一表现荷叶连池的根雕成品图。一阵轻风吹过，叶向一侧倾展，颇有荷塘情趣。最大的一片叶与其梗连接时，有意识向右偏斜，主要是增加叶的动感。上面三叶与其梗向右侧斜，叶则向左飘。三叶相连处，最好能用胶粘接，增加稳固性。

3. 果盘

①－1. 果盘是将树瘤制作成果实，片状根或包边好的根木制作成盘组合而成的。果盘有单果式、双果式或多果式。将选择好的果与盘进行蒸煮或煮沸去汁处理，乘潮湿时除皮。瘤的纹理深陷，可用钢锯条制成的刀片除皮。除皮后对根盘进行雕琢，同时在果实的一端开凿洞穴，并取大小相适根材雕刻成果柄和叶。

①-2. 聚酯胶加锯木粉调成软体状，涂于穴和插入的柄部。将柄插入，干后再稍加雕琢打磨，使之衔接自然。然后对果和盘及果柄、叶进行细砂抛光，再着色上漆。

②此图为多果式果盘成品图。像这类果盘的制作主要从材料的积累上下功夫。自然界的根枝瘤块，潜藏着各种果实的形象，有的像梨、桃、苹果，或核桃、杏、枣、石榴等，当然有的形象不够明显，过于含蓄，可进行雕琢点化。组合时，果应大小参差不齐，有明显差异，其中一果要特别大，这样组合起来才能有节奏和韵律感。

4. 竹笋

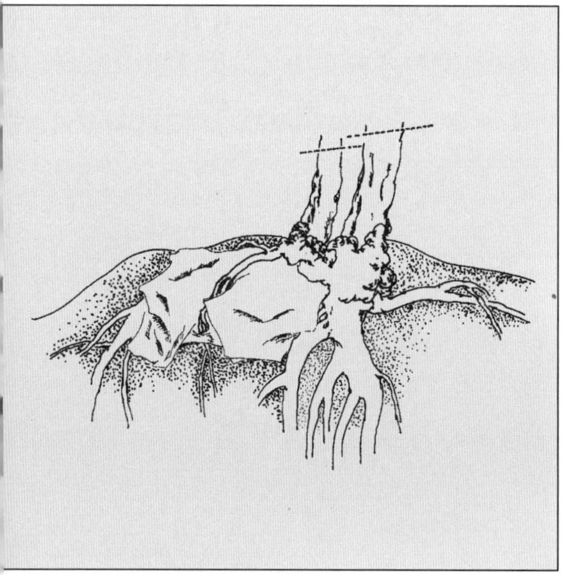

①自然界的很多树木倚石而生，植物在生长过程中受阻，细胞增生而形成瘤状体，这样的根材可塑性强。挖掘时尽量保持原来状态，不要硬砸、硬拽 ，以免树木与石块脱开。若未确定主题，根干锯切时稍留长一些。

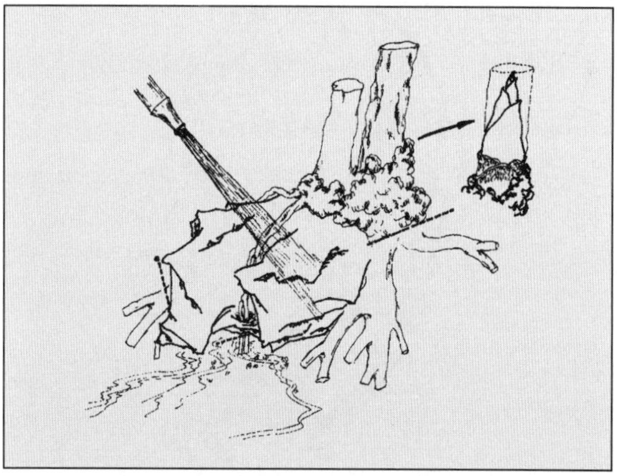

②采掘后，用高压水枪洗除泥土、碎石，使根部完全裸露。根据根部情况，两干一高一矮，一粗一细且较直，制作成雨后春笋较为适合，而制作成别的可能会逊色一些。主题确立后，可将多余的部分截除。然后将材料放置通风庇荫处，自然晾干。不宜浸泡或蒸煮，以免根木与石分离。阴干后雕琢，操作时尽量保持根基部原来的奇异形状。竹笋基部的包皮斑点可用三角刀斜刺，进行仿雕。造型完成后再进行雕琢、去皮、打磨、抛光、着色上漆。

③竹笋成品图。为更好地突出主题，可制作一个长形低矮的盆景几架，用于作品的陈列或展览。在沿石的基部外轮廓线用红木或杂木制作稍薄的不规则底托。

5. 插花

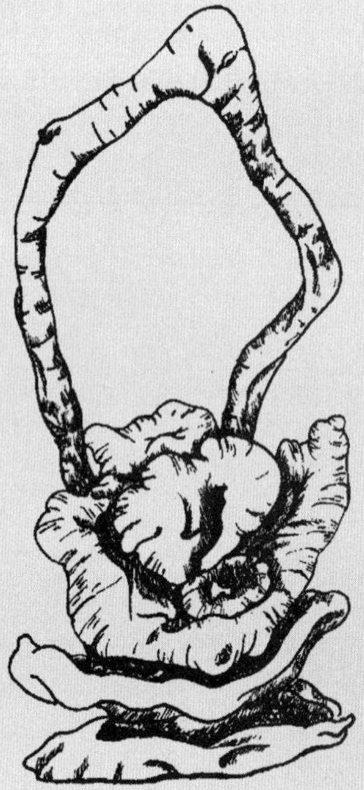

①插花就是将花卉进行组合搭配，插在一定的容器内。在根雕艺术作品制作过程中，往往能遇到零星的似花似果的根材，但由于小或单个而不成景。若将这些零星的单个不成景的根材进行拼接组合，则可制成颇有价值的根雕艺术作品。

②此图为另一插花式根雕成品图。作品几架、杯、花三位一体，充满生机和活力。其几架用天然根稍加锯截而成，其杯巧借了一粗根一细根上下连接恰似耳的形状，其花用残烂的根瘤进行适当的拼接雕琢而成，使毫不相干的单个不成景的根材组成佳作。

6．草卉、梅花

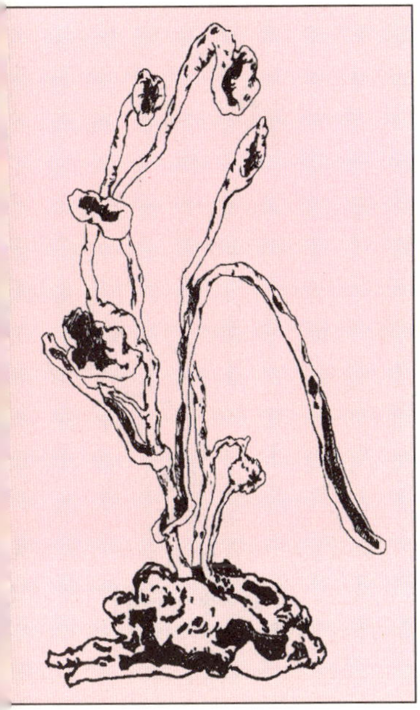

①在根雕艺术创作时，人们常常比较注意人物、动物而忽略植物形象的塑造，其实自然界花草的形状千姿百态，无奇不有，是创作根雕艺术作品的题材之一。此图是用根或根瘤制作而成的草卉成品图。

②梅花是常见的根雕艺术创作题材。有一种油茶树，其干受虫害后产生疙瘩状，当去皮和清除虫穴后，其穴酷似梅花状。另外生长在长期潮湿处状树枝和受其他病虫害后的树枝也容易形成疙瘩状，这些都非常适合用来制作梅花。此外还可用某些造型好的根木将“梅枝”嫁接上去。该图为表现梅花迎雪怒放的根雕成品图。

（三）景　观

1.盆景

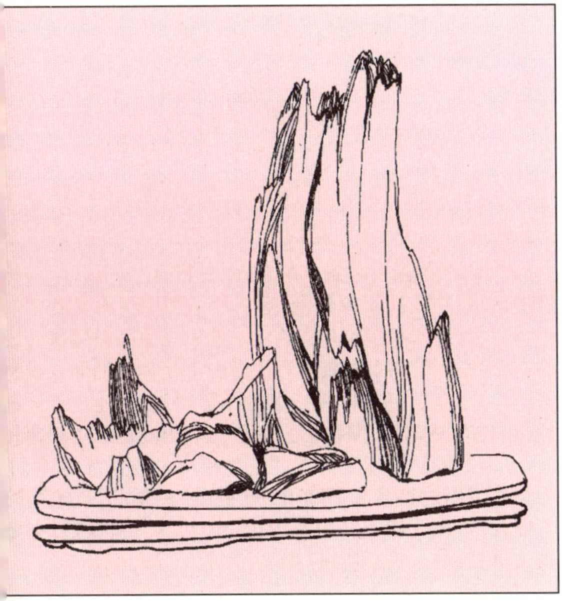

①盆景主要有两大类，一种为山石盆景，亦称山水盆景；另一种为树木盆景。在根雕艺术创作中，人们常用枯死的根木制作成山水盆景和树木盆景。山水盆景的制作主要把握材料、纹理、色泽的和谐统一，高矮、疏密、前后、大小的变化及坡角的处理。在选材构思时最好选择具有统一纹理、皱褶的树种。此图是用纵向型纹理制作而成的山水盆景，其景和架均用根材制成，整体和谐美观。

②此图为用疙瘩式的团块根制作而成的山水盆景成品图。具体制作过程为：选择山形根块作山体及片状根作盆钵，浸泡或蒸煮去汁处理，并趁潮湿表面松软时去皮。先雕刻加工盆钵，然后根据盆的大小、形状选择好主峰根块，并将底部切成水平状，再挑选副峰和次峰的根块，同时切割底面。对衔接不够吻合之处，可切割开凿，对山石走向、坡角和纹理不妥之处进行仿天然雕刻，并用粗砂纸打磨消除人工雕琢痕迹。造型基本完成后进行胶合，细加工后着色上漆。

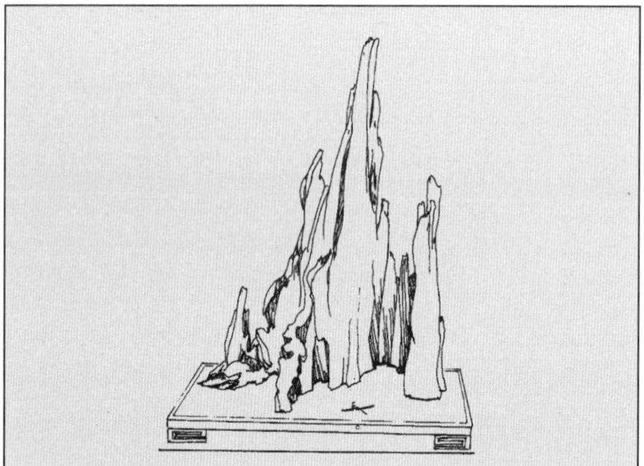

③－2. 根据材料的多少选择一长方形汉白玉盆，先锯切主材料进行试放，再配副峰和次峰及坡脚。干的表面光滑，里侧纹理呈线条状。组合时注意里外关系，光面和纹面搭配好。同时要注意坡脚的前后变化及脉向和峰脊的互相联系。造型定位后对需要雕琢的部位进行艺术处理。然后分别打磨，进行组合、粘补、胶合，再打磨、抛光、着色上漆、配置人物等。

③－1. 有些树木由于自然老化或虫蚁的长期啃咬，中心呈空心状，但树干边皮及边皮的木质部非常坚硬。把这样的树剖锯后进行浸泡处理，捞起后去皮，并用钢丝刷沿着树木纹理反复拉擦，清除纹理表面腐朽部分及沟槽内的污垢，同时对原材料进行分类。

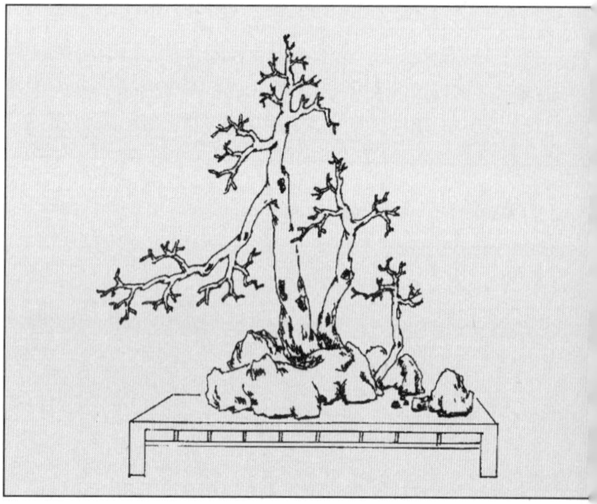

④此图为树木盆景成品图。原材料有两种选择，一是将根倒置过来，以根须代冠；另一种是利用树木盆景中的枯死桩景。该作品是用死亡的树木盆景为原材料制作而成的。有些成型的树木盆景在养护中由于某种原因部分或整株死亡，一旦发现立即取出，放在水里浸泡。若死亡时间过长，小枝容易腐朽。浸泡后捞起去皮，剪除细弱枝和超长根。浸泡的同时将需要配置的疙瘩根块也浸入水中。阴干后将作附石的桩景底面磨平，再将树木假植其上。若衔接不吻合，可相互切割开凿直到契合为止。然后再进行必要的仿自然雕琢，最后打磨、抛光、着色、上漆、配几架。

2. 贡石

①贡石也称赏石、石玩。在根材中，有些单体根块本身就非常完美，稍加雕琢处理即成大器。笔者认为，石之美在于漏、透、瘦、皱，根材只要具备其中一点即可加工利用。此图根木有漏、有透、有皱，且刚柔相济。加工前可将原材料进行蒸煮处理。阴干后，用细长刮铲逐一对洞穴除垢、磨压，必须像画工笔画一样精细到位。然后将抛光机钻头插入洞穴磨光。表面坑凹处可将砂纸撕成碎片缠绕在棍棒上打磨。若某些部位极不协调亦可用刀处理，加工结束后切割底面。再用根块制成一盆钵相配。油漆时一定要做成本色，若做成深色反而弄巧成拙。

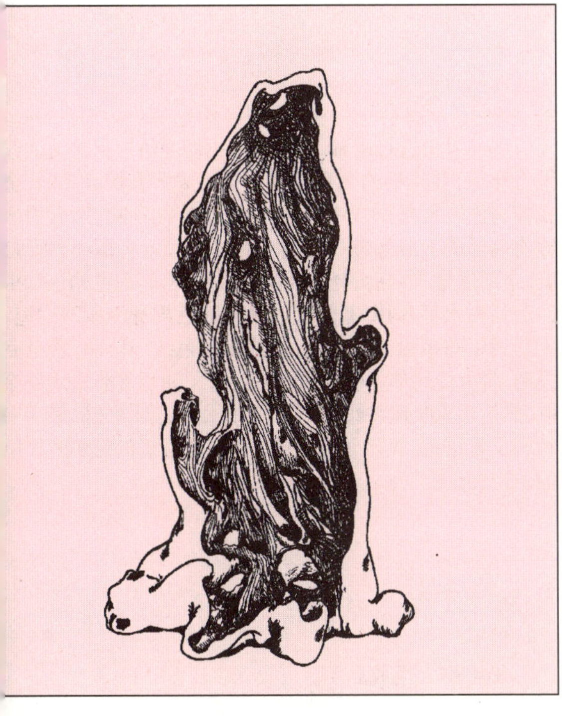

②这是一块用槲木根制作而成的贡石成品图。槲木的木质部非常坚硬，此块槲木烂朽处坚硬如铁，似太湖石。挖掘后根据赏石造型，需要锯弃一切多余的根枝，置于水中浸泡去汁，捞起后去皮。稍干时用钢丝刷沿纹理走向反复拉擦，对人工锯切留下的痕迹进行雕琢处理，使之自然。太湖石的结构线呈弧状，另外洞穴镂空较多，所以在雕琢时要紧紧抓住太湖石的特点。雕琢后进行打磨以消除人工刀触痕迹，使其光洁和自然。精加工完成后，用吹风机吹弃灰尘和洞穴内残存的尘埃，然后用棕色皮鞋油或软化后的蜡周身涂一遍，再用干布擦除且反复擦磨数次即可。擦的次数越多其效果就越好。

3. 火炬

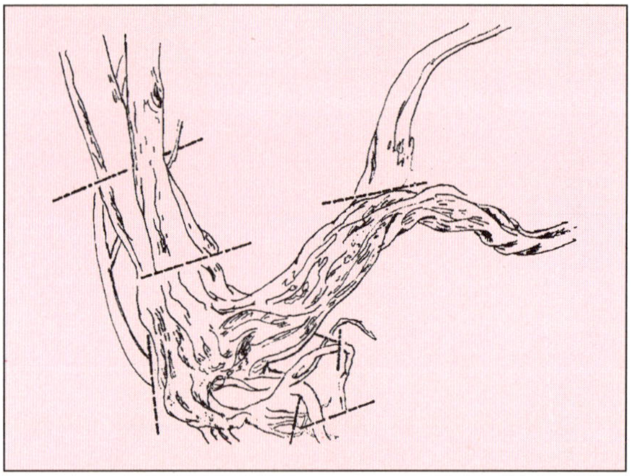

①笔者出去游玩写生，在干涸溪流的砂层中发现一杜鹃桩，挖出后感到既像鹤又似火炬。带回家中置于室内，反复观察后还是觉得制成火炬更为适合、更美观。内容确定后，将多余的枝、干、根截除。

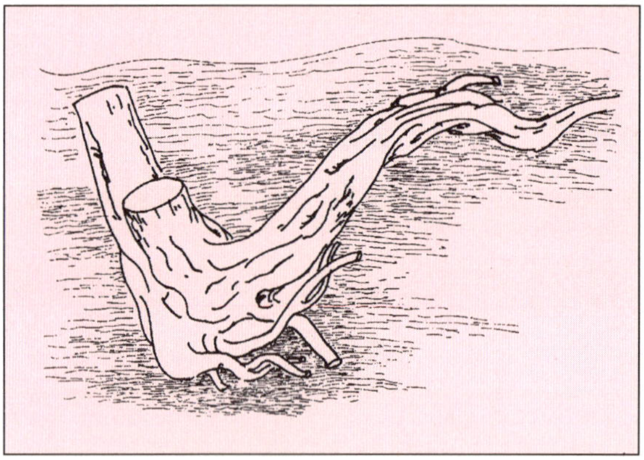

②将根材置于水中浸泡。5月份浸泡，9月份捞起并撕除表皮，置于室内阴存。

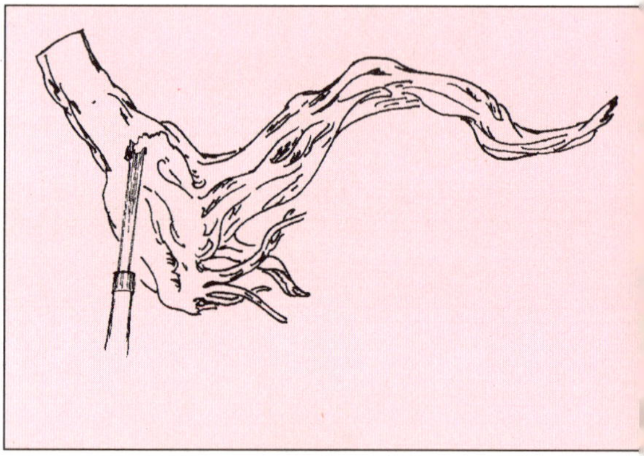

③10月份进行雕琢。将所有的锯切面仿照火的流动线进行雕琢，并将根的末端用木锉加工成圆弧状，用细长金属棒将嵌在根部洞穴中的小石块、粗沙粒剔除。然后用木锉将明显的刀痕等锉平。用粗砂纸打磨后，再用细砂纸打磨。全部造型结束后着色，具体做法是：将国画色赭色加少许藤黄用水稀释拌匀，用宽的排笔蘸色周身涂刷3～4遍，干后用干布擦除浮粒，使火炬整体颜色统一协调。着色完成后，将火炬烤热，同时将蜡烛熔化，用油画笔蘸蜡周身涂刷，然后用电吹风将蜡吹匀，同时让蜡进入木质部。最后用竹刷反复揩擦，再用干布擦除浮蜡，并用绸布反复多次拉擦，直到光亮为止。

④根雕火炬成品图。

4. 其他

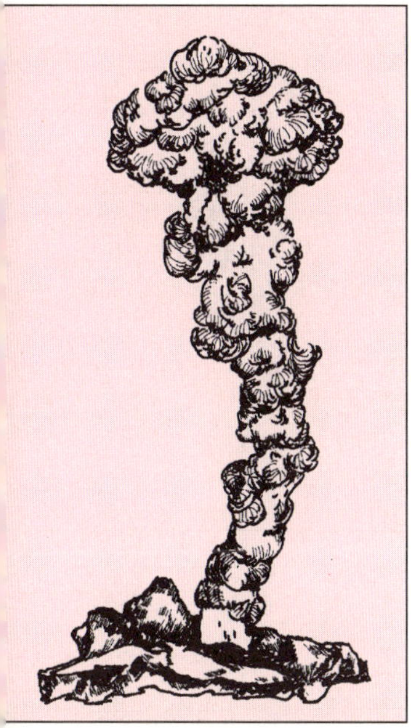

①这是用树瘤特有的形状来表现原子弹爆炸瞬间的景观。因原子弹爆炸的烟云多为弧线状，所以配座要表现一种力度感，才能更好地烘托主题。

②这是用根木制作而成的珊瑚成品图。一些萌生力强、生长旺盛的树木，由于遭到人为砍伐，年复一年，枝条密生。砍过的截面随萌生新枝的不断生长，慢慢又愈合起来并产生凹陷，若干年后，变得奇异而怪拙。作者将其与珊瑚联系在一起，使主题表现得恰到好处。在形象塑造方面紧紧抓住珊瑚的形状特征去雕琢，剪枝时要长短有别，参差不齐，才显得自然。其截口平面制成圆弧状。

③这是用根块制作而成的松柏成品图。一些树木在石缝中间时，其根受到挤压和限制，常常生得奇特怪异不同一般。这类根材的利用关键在于发现和挖掘与其类似的东西。如图是一株完整的树木造型，被石挤压部分的片状根体，往往有奇异的斑点或纹理，可以看做是树的冠，而将受挤压的外缘长成的包边看成是树的干。这些发现往往无需动一刀，就可成为难得的佳作。

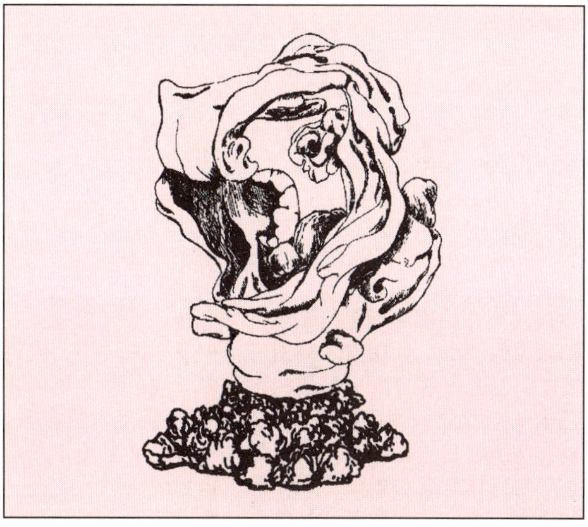

④一些根木在生长过程中，由于种种因素的影响而成为人们难于创造出来的形象。这种形象往往充满和潜藏着某种耐人寻味的奇特的抽象美。在制作过程中无需被像什么、似什么的问题所困惑。此图为一件抽象根雕艺术作品。其配座选用粗糙疙瘩状根块以衬托出主体形象的柔美。

⑤这是利用根木在自然生长过程中所形成奇异的形态，制作而成的根雕艺术作品。

（四）墙　饰

1. 门饰

对某一局部环境进行根雕艺术装饰，可以营造出古拙雅致的氛围。如在窗的周围进行根雕艺术装饰，或将餐厅、会客室等室内用具用树根制成，或在墙角用根雕艺术几架置放一些盆景等，都可使环境显得古色古香，别有情趣。具体做法是，先量好尺寸，设计草图，在加工厂房制作好各种根雕艺术作品，再到现场组装。在一面墙或一个门的根雕艺术装饰中，要求有一主根最粗最长。总体要求是下粗上细，根与根之间网状洞穴要忽疏忽密。制作时先确立主根的位置和延伸方向，在拼接中粗根用稍细的根牵拉连接，加固美化。连接的方法还是用电钻打眼带胶上楔，然后是雕琢、去皮、粘补、打磨、抛光、着色上漆这几道工序。群饰时要注意色彩的统一和视觉感观上的轻重比例。其根线组织根据需要，网状型、缠绕型、水纹型都可以选择。

2. 根画

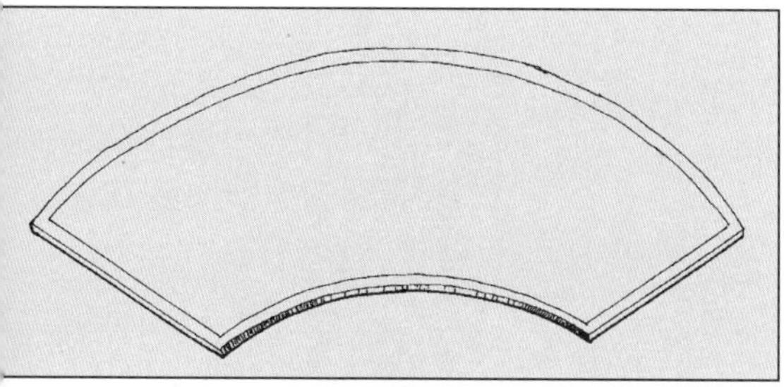

① －1.根画是以树根为材料，经过人的加工表现自然景物。由于根画常用来装饰墙壁，其材料一般应呈扁平状，不宜过大，特征比较明显。大件根画可直接挂在墙壁上。小件一般可制作成各种形式的木框，如扇形、椭圆形、圆形、长方形、方形、条形都可以。

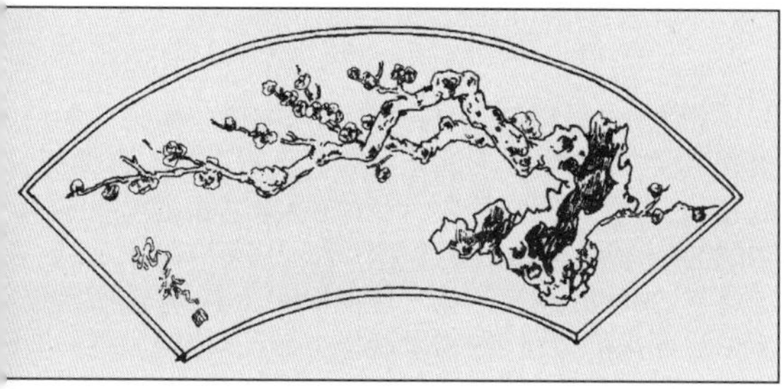

①－3.成品图。

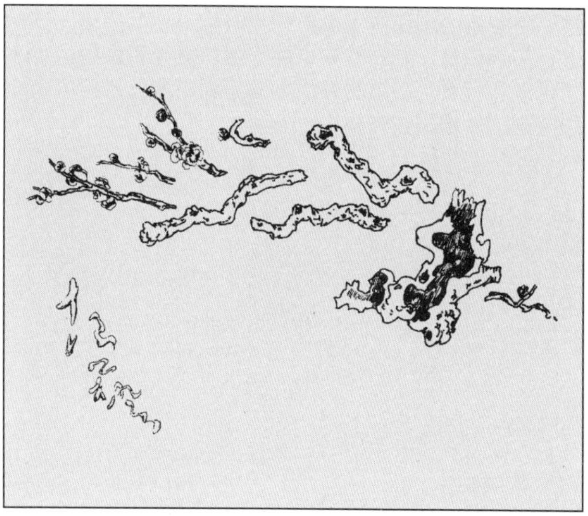

① －2.先组织好画面所需要的材料。这些原材料需要经过浸泡、蒸煮、去汁、去皮处理，置阴凉处干后待用。将所选材料置放在扇形画面内，反复观察调整直到满意为止。材料确定后在未装之前进行必要的雕刻、打磨。大件安装时用小钻头钻眼上楔固定，不便钻眼的可用立时得胶黏合。安装结束后用抛光粉加聚酯胶调成泥状，对缝隙和拼接处进行粘补。干后对拼接处和一些不自然处进行精细雕刻，以求自然、美观，最后着色上漆。

②这是用树根拼出的日出图。先制作好木框，并用根块包边。选一扁圆状根作太阳，并将粗细长短根去皮后备用。组合编排时下部根稍粗而长，接近太阳处的根渐细而短，且渐密。

③这是用树的斜切面制作的山水图。这种方法主要是利用树木粗糙的皮和木质部的年轮、纹理来表现山景。所有材料选择上要讲究，一是要有漂亮美观的木纹，二是要有粗糙的表皮，三是在锯切时要根据构图需要切割，有时要切得特别斜。

④这是用纵向带皮切割的树干制作的山水画。根材用老的刺槐树最为理想，不仅木纹美丽而且树皮也很粗糙。将较粗的刺槐树干纵向带皮斜切，切后阴干，同时进行药物消毒。刺槐最易生蛀心虫，但为了保护边皮不能浸泡和蒸煮。制画的方法主要是利用木纹用国画色稍加渲染后，用烙铁烙烫。

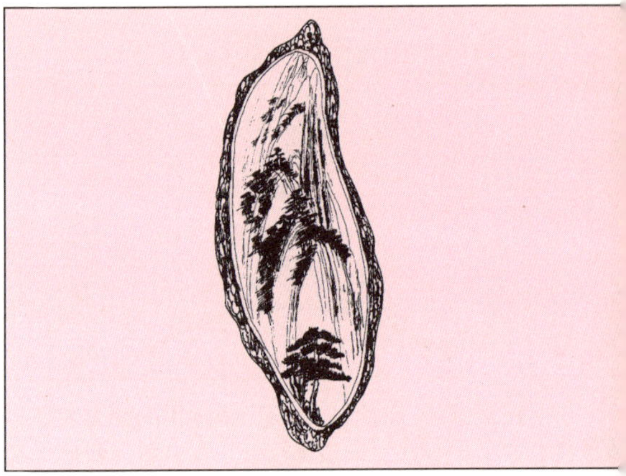

3. 根书

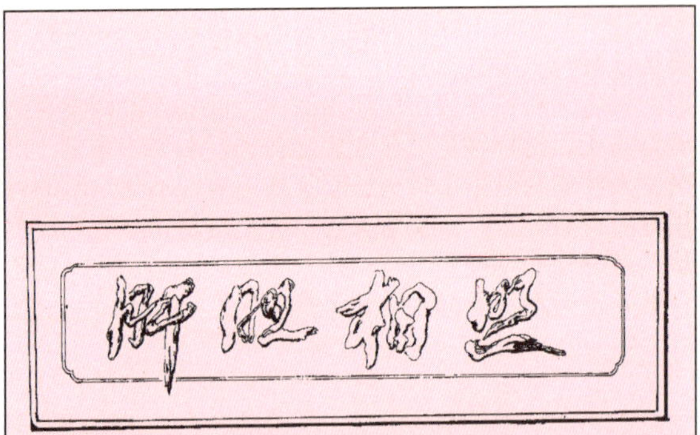

根书是将根雕艺术与书法艺术融为一体的一种艺术表现形式,既能表现书法艺术的美又不失根的自然美。根的扭转、弯曲、疙瘩、枯穴、烂木纹理给书法艺术增添了无穷的韵味,而这恰恰是很多书法艺术家梦寐以求难以达到的境界。书法的本身就是一种抽象的艺术,它是从象形文字演变而来的。在根雕艺术制作中,若能把握和遵循书法的艺术创作规律,巧妙地、合理地、严格地挑选根材,进行组合,创作根雕艺术书法也并不难。若要创作高质量的根雕艺术作品,则必须要有良好的书法功底和一定的书法创作水平。根书的原材料本身的不规则性,或多或少地限制了根书的创作形式和字体的选择。一般情况下,根书创作比较适合于选用行草、草书或大篆字体。若选择比较规则的字体,其机械的排列会使根书显得呆板和毫无生气。

制作方法:a.先将书法用的木框制作好,也可先选好字材,根据材料的大小再制作木框。b.将选好的字材进行组合,即“布白”,并注意其章法。好的字必须要有好的结构和章法,否则就不是成功的作品。在选材上要根据字体形式去选择。草书要选择一些枯烂的并有明显纹理的根材方能得草书的“枯笔”意趣;行书则枯实相间。c.材料选取和“布白”完成后,便可去皮、雕琢、打磨。雕琢时要紧紧抓住字的形体,模仿根的自然形态、肌理去创作。虽为人作,宛若天成。d.上框拼接黏合。装框前将根与框的接触面,放在刨床上推一平面,然后打眼上楔,带胶拼接。e.拼接后再进行粘补和精雕细刻,打磨、抛光。f.着色上漆。为更好地显现根的形态美、纹理美和结构美,最好用本色或浅色。

4. 壁挂

一些生长在石头夹层中的根呈扁平状，姿态各异，有的像花，有的似鸟，有的似兽，有的非常抽象，或柔或刚。在这些扁平而奇特的根材中，往往潜藏着某种美的东西，耐人寻味，具有很强的装饰性。当然，有些作品必要时亦可雕琢美化，或适当拼接。根雕壁挂加工过程同其他根雕艺术作品一样，要经过去汁处理和雕琢、打磨、着色、上漆等工序。

（五）人　物

1. 弥勒佛

①在弥勒佛这一人物创作中，主要是根据根材的自然形态去塑造人物形象。方法有两种：一种是顺其根材的自然形态进行局部雕刻；一种是充分利用根材本来就具有的抽象的形态，略在局部点化，表现一种抽象的人物造型。在树种的选择上，目前选用较多的为龙眼木、荔枝木、香樟、黄杨等，凡木质细腻、致密、坚实的都可采用。中小型人物根雕一般为单独根木，大型根雕人物造型则往往采取拼接的方法来完成。图为千年的樟木大树根，根据构思先进行锯截。

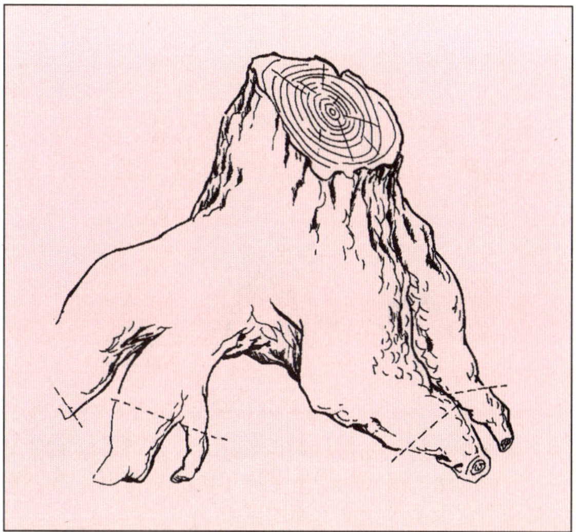

②一些根木不够端正或触地部分空虚不稳，可对触地部分进行相应的锯切。

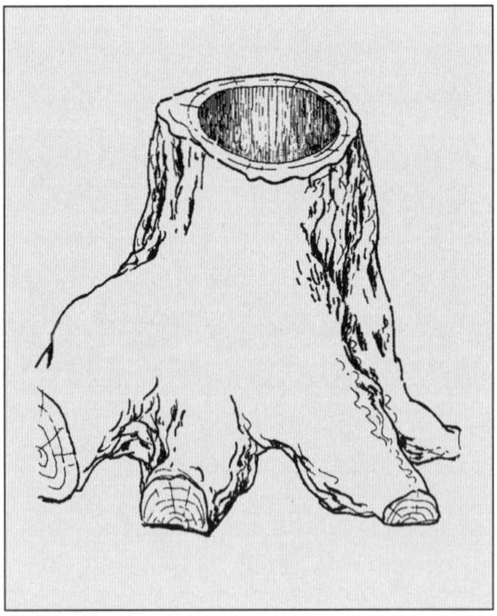

③在根的上部挖一洞穴。

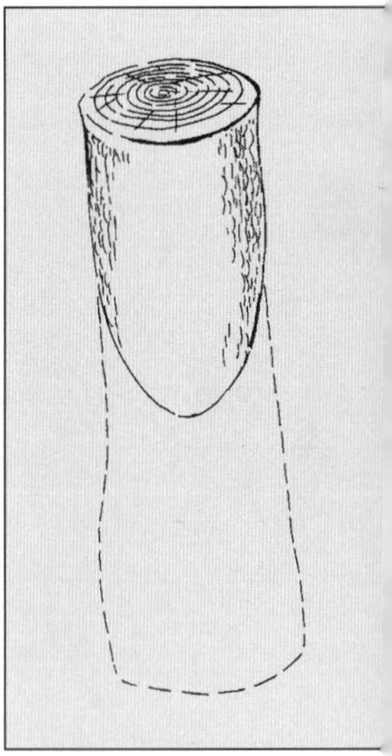

④选择优质的、耐雕琢的、好的木材作头部。

⑤将制作好的插接材料插入洞穴，并用木栓加以固定。这种方法使得人物造型更趋于灵活和自由，不受原材料疤节、木质等诸多方面的影响。

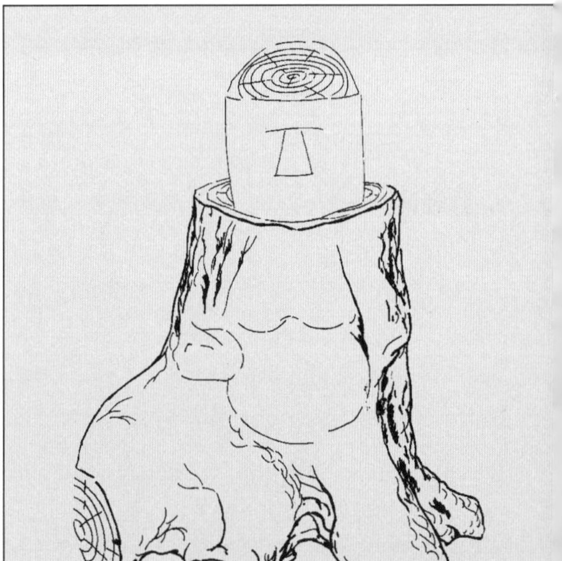

⑥用粉笔勾画出弥勒佛的头部、胸部、腹部、手、脚的大致位置，然后开始切大面。切面时注意人物结构高点部分的位置及凸出的大致高度。

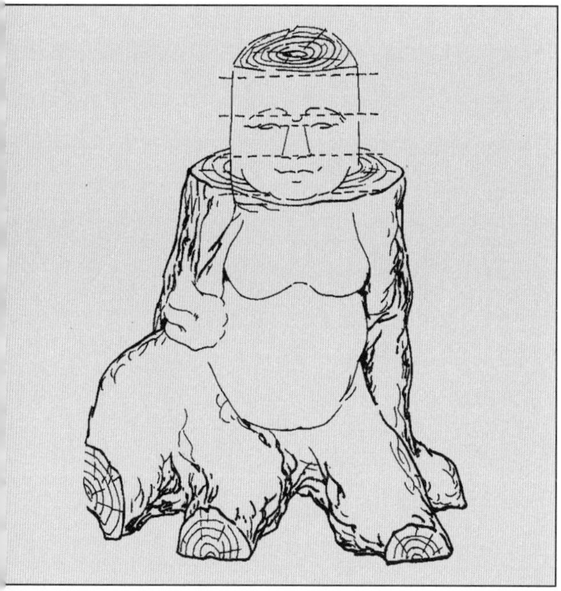

⑦切出五官及其他部位的大致位置和形体，切割时要紧紧抓住弥勒佛的特点。弥勒佛面带微笑，体形肥胖，乳、腹大而圆，耳垂，外轮廓呈弧线状。另外要注意五官的位置比例。

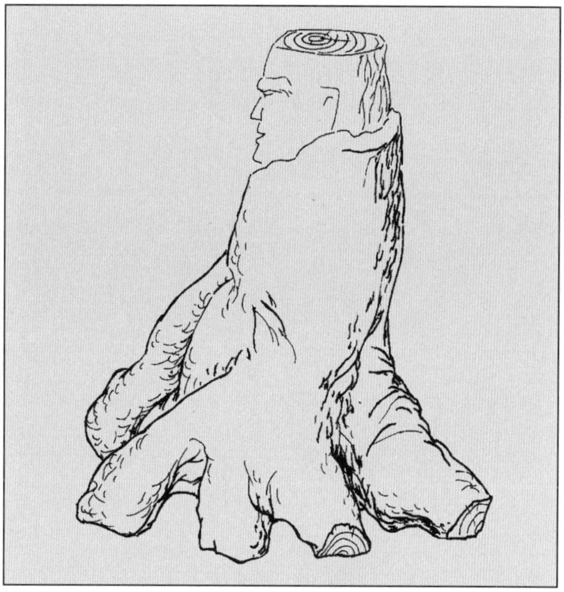

⑧切出五官大致位置后的形体侧面图。

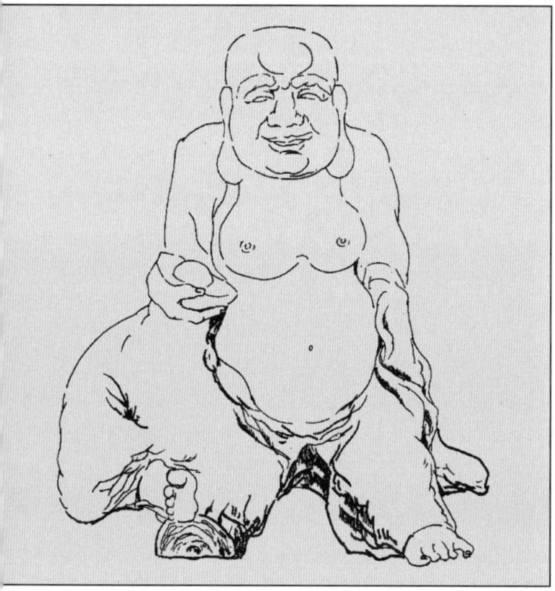

⑨人体各部位大致的形体造型结束后，对五官、头部、胸部、腹部、手、脚等进行深入细致的雕琢，尤其对五官更要精雕细刻。眼角、嘴角的雕刻力求精细到位，这些部位最能反映人物的表情。

⑩侧面图。

●整体造型基本结束后，再从整体到局部进行认真的审视，对重点强调的地方，进一步精雕细刻，直到满意为止。全部造型结束后，进行打磨、抛光、着色、上漆。为更好地表现作品的艺术效果，以浅色或本色为好。若插接的头部根木与身体部位颜色相差过大，可用着色来统一。

2. 达摩

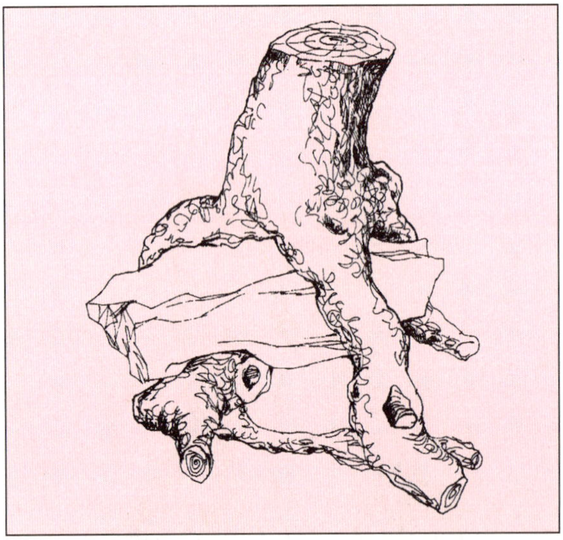

①－1.公元527年梁大通元年，菩提达摩和尚受梁武帝之邀从西国坐船来到中国，在河南嵩山少林寺，整天面壁而坐，精神集中，成为禅宗祖师。图为一块石头被树根牢牢地抱在“怀里”，这块被抱的石头自然形状很美。像这种根附石、根抱石、根夹石等根石一体的形式，可巧妙地利用石块塑造更加独特的艺术形象，所以在遇到这种根石一体的材料时切不可盲目敲除石块。

①－2.首先构思，表现罗汉坐在石头上。根据构思用色笔勾勒出人物大致的头、胸部、胳膊、腿、脚所占位置和形状，然后沿勾勒线切割大面。

①-4.全部造型结束后,进行打磨、抛光、着色、上漆。

①-3.在切割的块面上,分别雕琢人物五官、胡须、手臂、下肢、脚等。将多余的根雕成飘动的衣纹或仿雕成石块,雕琢时不要切得太深,以免使木裂开。在什么部位,切多深,正切或斜切和选择什么样的雕刻刀,应灵活运用。雕刻的程序因人而异,一般情况,应从整体到局部,再由局部到整体,往返数次,才能较好地把握整体形象。从雕琢的形体上讲,先打粗坯,对人的各部位形体进行定位,再打细坯,即在各个局部的粗坯基础上进行深层次的切割分配。如头部的粗坯确定后,再进行眉、眼、脸、胡须、头顶、嘴等块面雕刻。在雕琢中要善于把握整体形象,最大限度地保护好原来的自然形态,凡能不雕即达意的地方,尽量不雕或少雕。

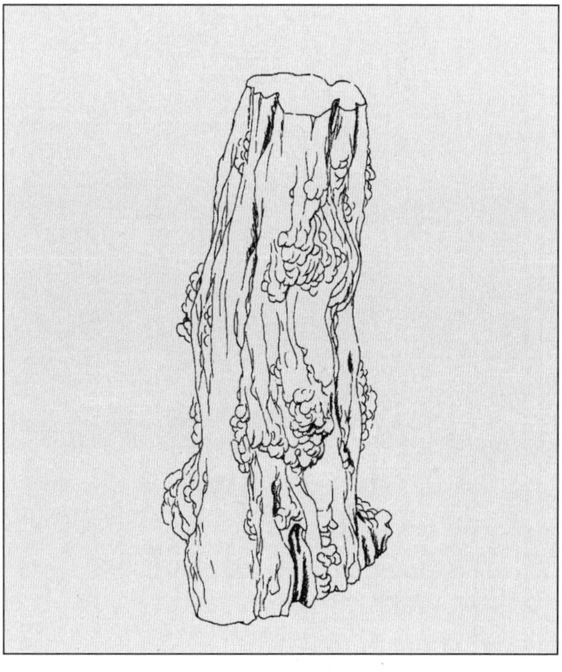

②-1.在根木的人物雕刻中,不仅可利用树根也可利用木段进行人物雕刻。但所选木段必须要有天然美的纹理或疙瘩等,若仅是平淡无味的木段,则失去根雕艺术趣味。根雕艺术人物造型不同于木雕,前者是局部雕刻,后者是全雕,尤其是根雕艺术人物造型始终把根木自然的形状与人物造型融为一体,使自然美得到最好的表现。根雕艺术人物木段的选择尽可能要古老、怪拙、奇特,如疙瘩多、纵向沟槽深的古银杏树、红豆杉、香樟、黄杨等木段都可选用。

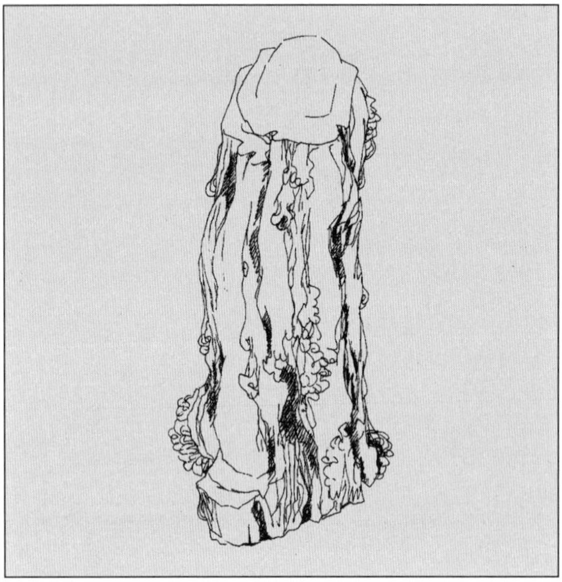

②-2.将达摩的头部、脚部的大致形状即几何形的大面切割出来，打出粗坯。

②-3.打细坯。即对头部的五官、毛发、脚趾、底座等进行雕琢定型。然后逐一精雕细刻直到满意为止。全部造型结束后，再进行去皮、打磨等工序处理。

②-4.成品图。

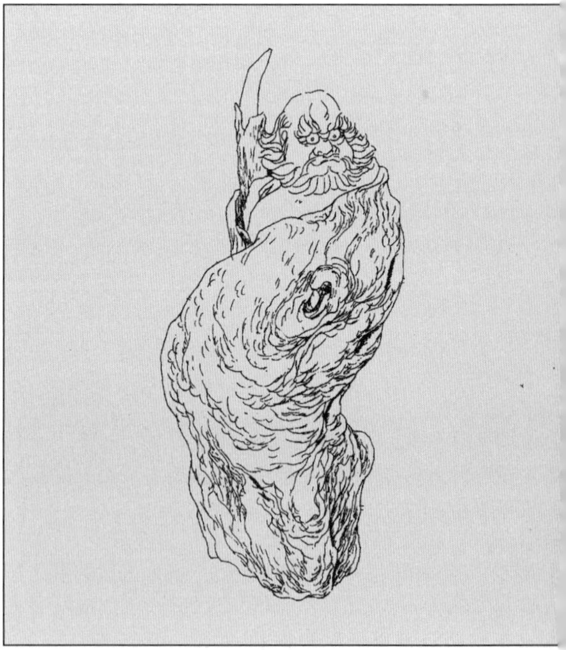

③是另一件利用扭曲的树干，在局部雕刻出达摩的头像，并保留树皮作为衣饰。

3. 钟馗

①－1.唐朝有位秀才，姓钟名馗，字正南，生得豹头环眼，铁面虬须，甚是凶恶怕人，进京考取状元。德宗皇帝以貌取人，一见钟曰："此人凶恶异常，如何做得状元。"钟在殿上自刎而死。德宗皇帝封钟馗为驱魔大神，遍行天下，以斩妖邪，并以状元头衔殡葬。从此，头戴一顶软翅纱帽，穿一领内红圆衫，束一条犀角大带，踏一双歪头皂靴，长着络腮胡子，睁着两只灯盏圆眼的钟馗形象便家喻户晓了。对钟馗造型时要把握其两眼怒睁、凶狠无比、杀气腾腾的形象特征。如图根材，其奇异结构和一些自然形成的瘤块很适合于钟馗人物的塑造。

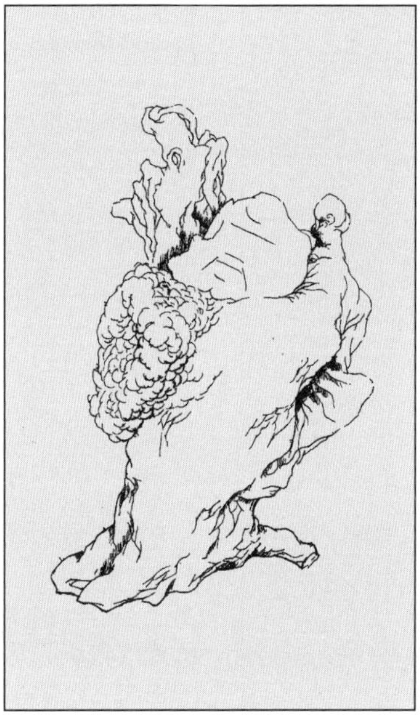

①－2.用色笔勾勒出钟馗的头部及右侧扇形图案，进行粗坯加工。

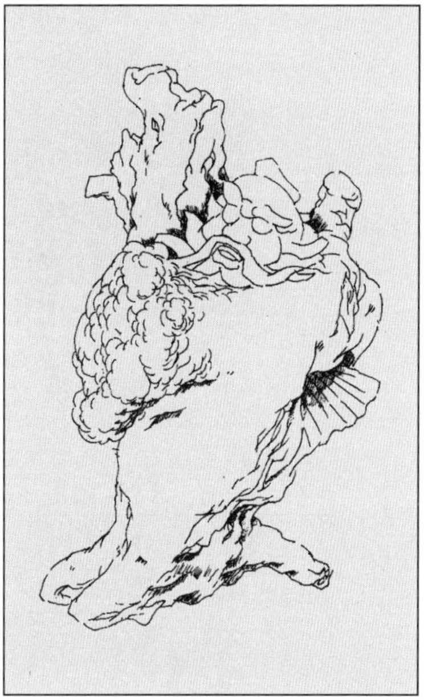

①－3.大致确定头部的帽、眉、眼、嘴、胡须的位置和基本形状。在打细坯时，要紧紧抓住钟馗的形象特征，如夸张的眼球又圆又大，高扬的眉、发、胡须充满怒气。细坯打好后进行局部加工，雕刻不能过于机械，刀触要清晰、准确、有力。

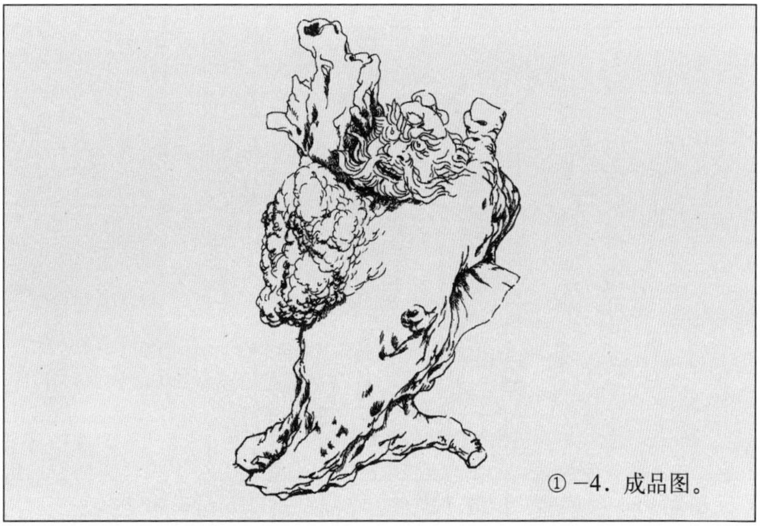

①－4. 成品图。

②这是用竹根雕出来的钟馗头像。根的梢部削除须根后的圆形斑点用作帽饰，根须向右后侧倾斜。下部光滑的竹筒及麻麻点点的帽饰和飞扬的胡须，形成了光滑与粗糙、稀疏与致密、块面与线条的强烈对比，异常生动、有趣。所以在竹根雕刻中，要善于巧妙借用其原材料的自然属性去塑造物像。

4. 大佛

①一尊千年的老树根，全身为疙瘩状，凸出的疙瘩包块仿佛是一个个小人头，天然有趣。中国民间流传“五男二女，七子团圆”“多子多福”的说法。此根众多凸出的疙瘩包块非常适合表现这一内容，但缺少主体部分，无主次之分，会显得平淡乏味，所以需要中间“嫁接”一个大佛头像。

②在中间开一洞穴用以装置头像。

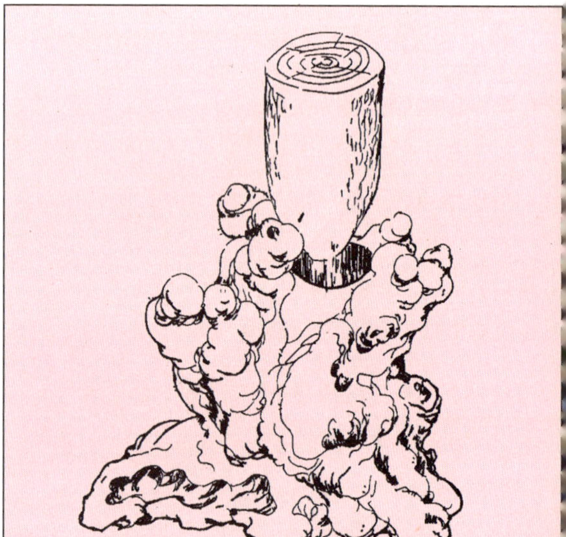

③选择易于雕刻的优良木材，将其一端制作成子弹形状，其大小与所开的洞穴相吻合，然后插入洞穴，在不明显处上木栓加以固定。

④根据人物造型特征，打出粗坯，切出大面。

⑤将大佛头像细坯打出，并对其精雕细刻，主体头像造型基本完成后，对七个儿童头像和大佛的手及元宝进行粗坯加工。打坯前要深思熟虑，根据凸出疙瘩的形状位置合理选择头像之瘤，并进行简单的勾画。儿童头的仰、侧、歪、斜要顾盼有情，彼此呼应，有聚有散，疏密合理。把顽童的天真、浪漫、嬉戏的天性恰到好处地表现出来。

⑥对大佛的五官及手、元宝和儿童的头部进行细坯加工，然后再精雕细刻每一个头像的五官、头发。人物造型全部结束后，对整体进行调整塑造，一切多余的、有碍造型美观的疙瘩包块都应切除，并对切口进行雕琢处理，使之自然。凡不需要加工处理的地方或可取可舍、可雕可不雕之处，尽量不舍不雕，最大限度地保持原来的自然状态。整体造型全部结束后，再进行去皮、打磨、抛光、着色、上漆。

⑦成品图。

5. 观世音

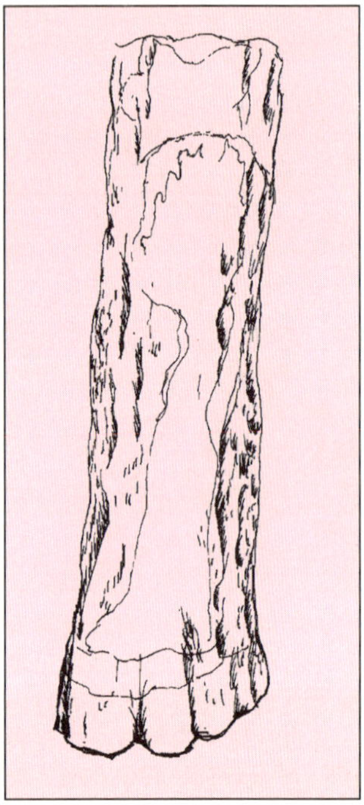

①－1. 观世音是佛教的菩萨之一，佛教徒认为是慈悲的化身，救苦救难之神。观世音手握净瓶，净瓶中盛满甘露，瓶中扦插着柽柳枝，象征着观世音大慈大悲甘露洒遍人间。选择易于雕刻且纹理美的木段，用色笔勾画出大致的轮廓，然后打出头部的莲花、脸庞及瓶倒甘露、底座平台等粗坯。

①－2. 在粗坯的基础上，对每块立体图形进行分解打出细坯，如瓶倒甘露这块，分解成瓶、手、露、脚及露流淌的纹理。细坯打好后，进入细刻阶段，尤其是脸部要轻刀慢进。在人物造型上要把观世音菩萨普度众生、慈祥、端庄、美丽、面带微笑等特征表现出来。这种局部雕刻形式是将人物的形象潜入木质部，使人物形象半露半藏。这种形式使木段外围存在的一些自然美的东西得到充分的保存。另外，也无需把人物形象全部雕琢出来，稍加雕琢即可，还增加了作品的含蓄美。

②在大自然的树林中，我们经常能发现藤蔓缠绕着树木向上攀缘，随着生长深深地陷入树干的木质部。像这些被藤蔓缠绕的树木适合雕琢，则可取回用之。图中所示，一古藤缠着木段，作者没有去皮、去藤，而是完好地保存了它，巧妙地将藤作为领口及衣的纹饰，并依据木段的自然走向，塑造人物的动态，融合了自然美和人工雕琢的美。

6. 飞天

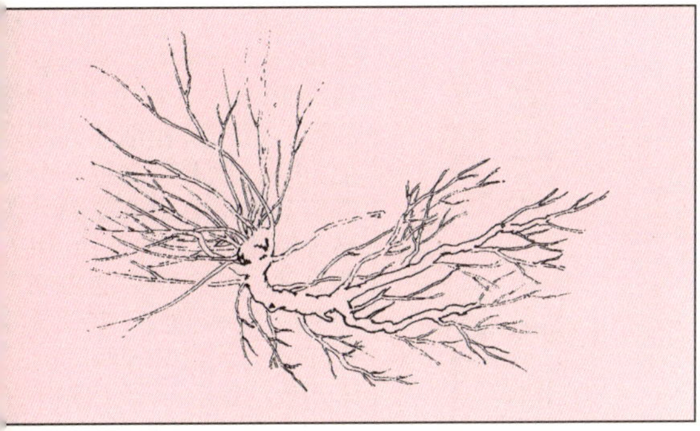

①南方由于石头多、土质硬，小树的根系不够发达；而北方一些砂土地上生长的杂木小树，根系就特别发达。像图中这些长形的根可通过人为的弯曲、牵拉、烘烤等多种方法来改变它的形式和走向，并按人的意愿重新组合，利用中国传统的线条塑造方法表现所构思的形象。

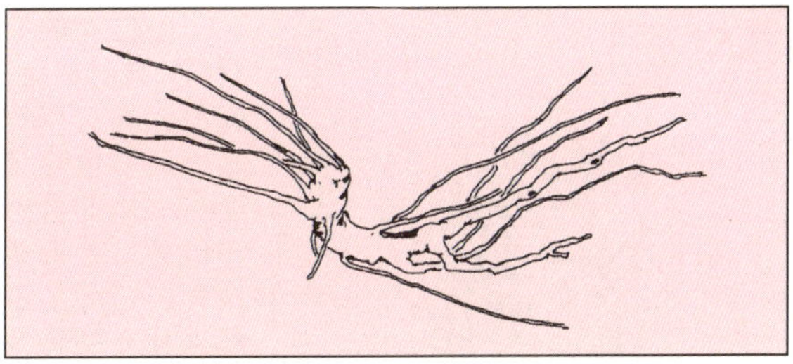

②在敦煌壁画中，人物多用线条勾勒，飞天人物仿佛在天上飞动，飘逸动人、栩栩如生。此根外形与壁画中的“飞天”的形象颇为相像，于是确定塑造“飞天”这一形象。构思确定后，剪除用不上的细根、劣根等。剪除时，同部位的两个根可等其中一根造型完成后再剪除另一根，以便备用。

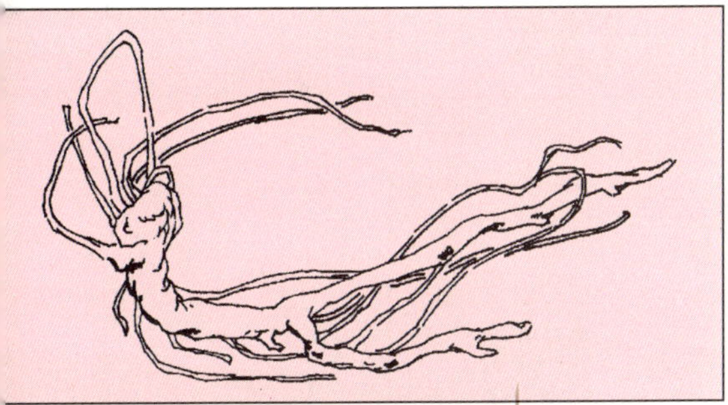

③“飞天”的人物造型着重抓住飞动的感觉，所有根向后弯曲。一些弯曲困难的根，可用刀在弯的内侧纵向削除一部分。如表现飘带的抖动等，可在扭动处将根削薄，并进行烘烤，若根过于干硬可在弯曲前浸泡在温水中。若一些根需从根基弯曲或根较粗，可用钢锯在弯曲内侧横向锯切，深度切至1／2深即可，弯曲时将立时得胶涂入切口内；也可用金属丝或棕丝牵拉绑扎，待根材形体基本固定后再拆除。

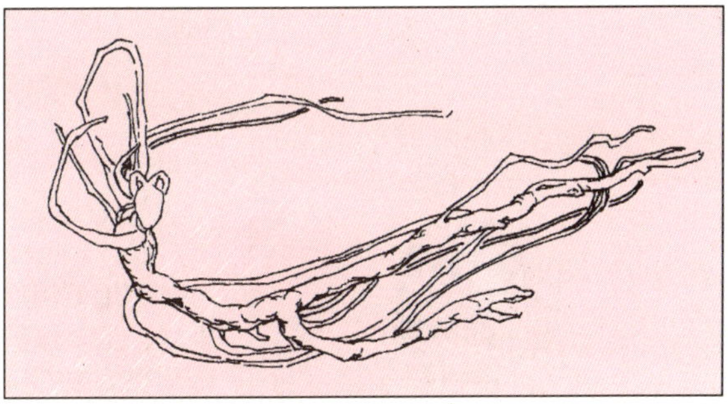

④对人物的头、颈、脚进行雕琢处理，若某些部位需要连接，可用胶粘或用手电钻钻眼上竹楔固定。造型结束后亦可全去皮，亦可腰部以上去皮，下半身表皮不动，似衣裙感。

⑤配座要与主体形成一个整体，要有助于“飞天”的动感表现，使“飞天”下方留有足够的空间。连接处要自然一体，不留人工痕迹。最后打磨、抛光、着色、烫蜡等。

7. 仕女

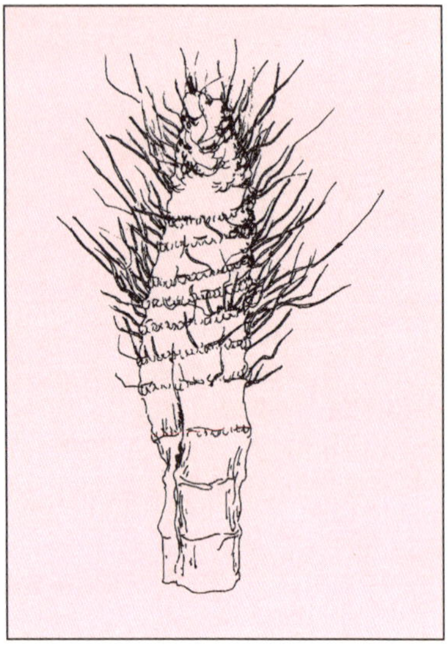

①仕女的原材料可选择树根、树段，亦可用竹根。原材料除了要有一定的自然美以外，外形要清瘦，这样易于塑造仕女的轻盈身姿。竹根材料根部瘦长且自然扭曲、沟槽交织，极富情趣和变化。竹易生蛀心虫，所以对原材料要进行去汁、消毒处理。

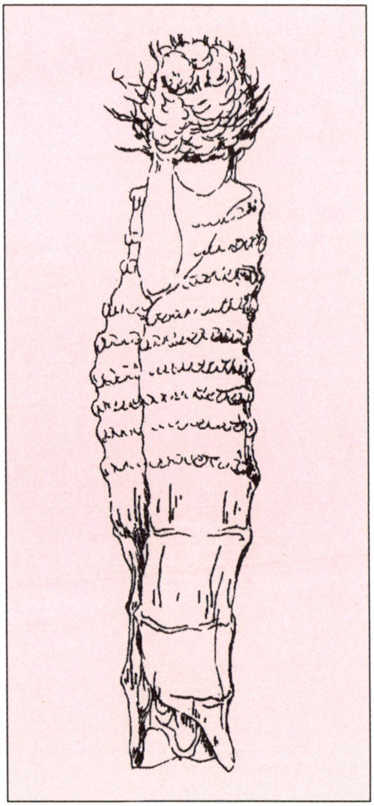

②用刀消除根须，但要保护好须根的根部斑点，洗刷净泥土、晾干。构思时，可依据原材料的形状、大小、粗细、长短，设计造型方案。若技术熟练亦可用色笔标记或直接打坯雕刻。先打粗坯，将需雕刻的颈部、胸部、脚部及琵琶的基本形状、方位、大小、厚薄确立下来。

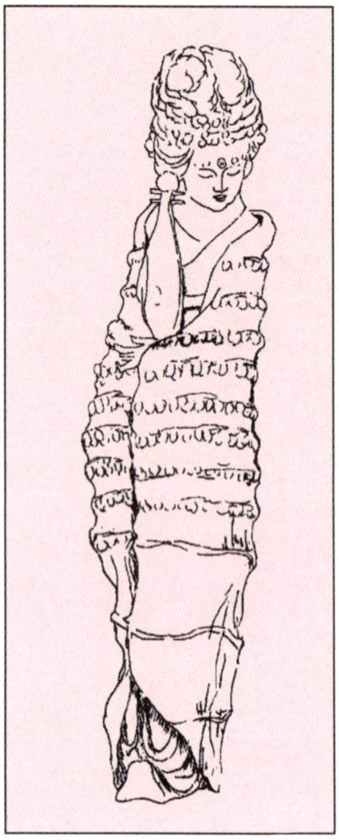

③粗坯打好后，进入打细坯阶段，对每一局部分解刻画，如脸部的五官、发式，脚部的鞋、衣纹等。在细坯的基础上，再精雕细刻，对每一个局部的具体形象塑造雕刻时要格外慎重。对刀的选择，用刀的方法、力度，下刀的斜侧方向都应恰到好处。一些精微处更应雕刻到位，一丝不苟。艺术形象的塑造，不仅依赖手和手中工具，更重要的是用心，即通过手和工具及材料表现作者的思想。全部造型结束后，进行打磨。通过打磨，消除人工雕琢留下的痕迹，使之自然光洁。竹根着色最好以本色或浅色为佳。上植物油或鞋油较为理想，亦可上清漆。因竹吸收力差，着色上漆要淡要薄，多上几次为好，以免着色、上漆滞重而显呆板。

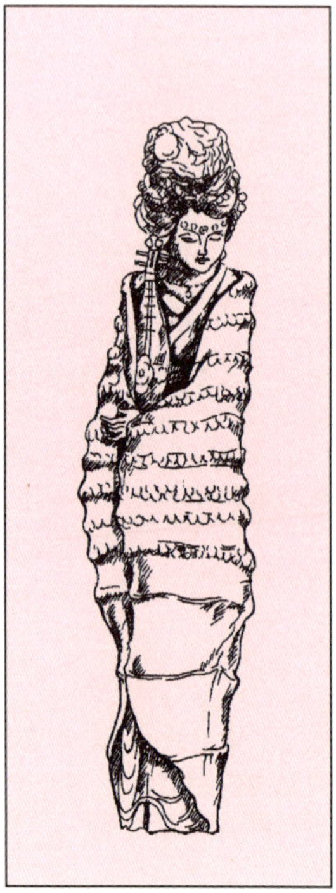

④成品图。

8. 舞女

①此为利用扭曲富有变化的根木制作而成的舞女，下半部肥大的根木作衣裙，一弯一直的稍长的根木作舞女扬起的长袖，中间第一弯巧作舞女的臀部。利用断截的根梢雕琢成舞女的头像。

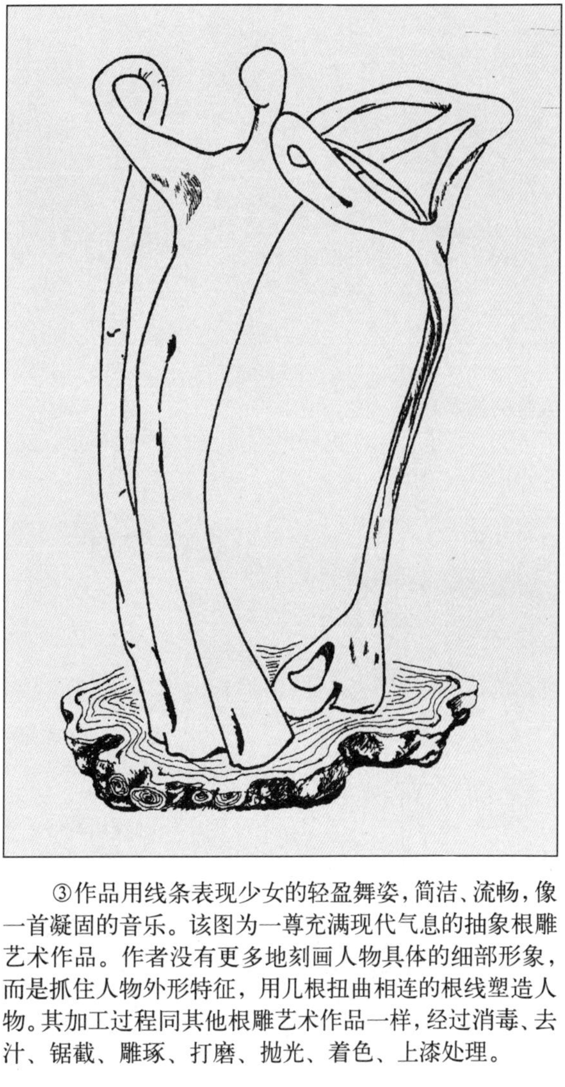

③作品用线条表现少女的轻盈舞姿，简洁、流畅，像一首凝固的音乐。该图为一尊充满现代气息的抽象根雕艺术作品。作者没有更多地刻画人物具体的细部形象，而是抓住人物外形特征，用几根扭曲相连的根线塑造人物。其加工过程同其他根雕艺术作品一样，经过消毒、去汁、锯截、雕琢、打磨、抛光、着色、上漆处理。

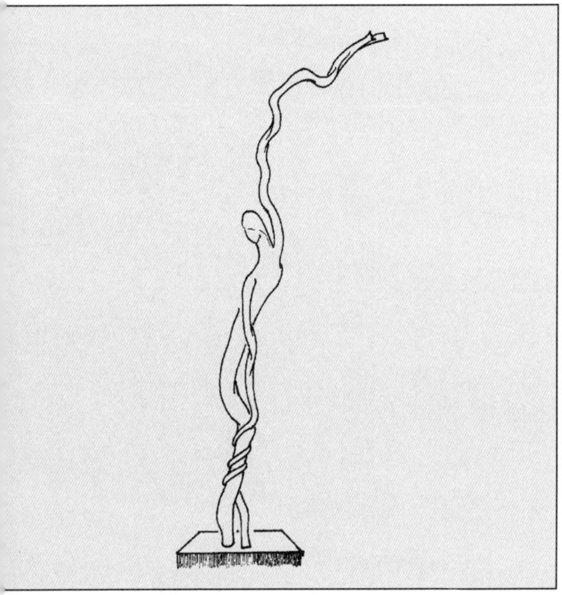

②在根雕艺术人物创作中，一种是在局部非常逼真地雕刻出人的五官或某些重要部位的具体形象，而其他部分巧用根木的纹理、疙瘩等去表现，这是局部写实的创作形式；另一种是人物整体塑造，对人物的具体形象不加雕刻，只是外轮廓稍加雕琢或不动一刀，充分利用根材本来具有的形态去展示人物瞬间的形象。图为作者利用天然的藤木稍加锯截，并对脸部外形粗略雕饰，尽情展示了舞女婀娜多姿、轻歌曼舞的形象。在中国传统的造型中最擅长用线条来塑造物体形象，所以在根雕艺术创作中要善于用神奇的根的线条表现美、创造美。

9. 其他

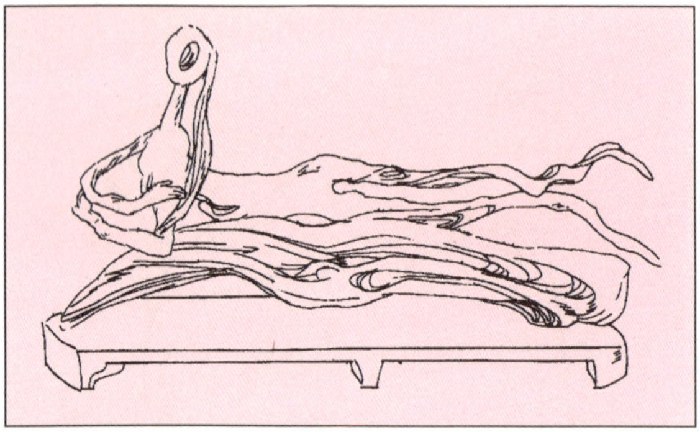

①这是一位侧卧的女性形象。作者在创作中抛开了人物的具体形象，顺其根的自然形态，利用人工的手段对人物进行了大胆的夸张和变形，使作品充满现代造型艺术的魅力。

②组合式根雕艺术作品因其体量较大，表现的内容丰富，故有着较高的商品价值。此图作者用扁平的、带有肌理疙瘩的根作为大地，大地上一农夫头戴斗笠，右手挥舞着鞭子，左手扶着犁，呵斥着牛，向前缓缓移动。人物造型似像非像、根味十足。作品最大优点是将土地、牛、人、犁、鞭有机地连为一体，恰到好处。在根雕艺术人物创作中，往往将一些单个的根品进行组合，当然这种组合必须有着内在的联系。

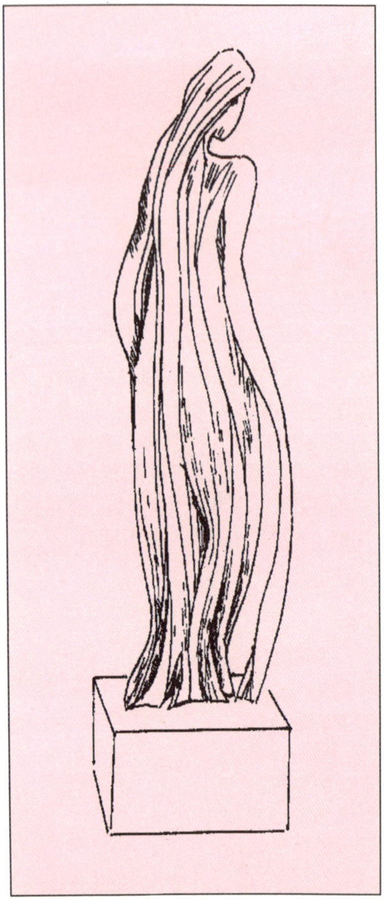

③有很多片状根木，经浸泡、去皮，刮铲枯烂的朽木后，其烂面坚硬，纵向的或扭曲的纹理非常美观。若吸取中国剪纸艺术中的“剪影”方法去制作根雕艺术作品，既形象又不失根的意趣。该作品的作者充分利用了片状根纵向流动的纹线，在上部对少女的脸和肩以及头发等部位稍加雕琢、打磨，展现少女身披轻纱、长发垂柔、楚楚动人的形象。笔者认为，这种“剪影”式的艺术手法非常适合薄片状的根木创作。

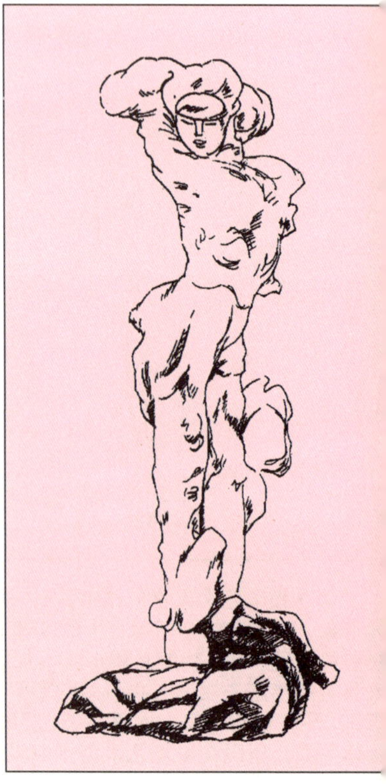

④一块整体根木，酷似现代女性人物形象。作者按现代女性人物造型的要求稍加锯截以后，又对五官略加雕琢，完全保留了根木自然形成的疙瘩瘤块，使作品既形象生动又蕴藏着根的意趣。在根雕艺术人物造型中，要紧紧抓住根木本身的形象特征去挖掘、发挥、创造。

⑤这件根雕艺术作品，是一件比较写实且见功底的好作品。作者用了大量的“笔墨”塑造了人物上部形象，下部基本保留和顺应了根材本来的自然形态。作者对人物表情、神态的刻画栩栩如生，不同一般。作者将根部夹持的石块雕琢成书状，使人物与石巧妙地融为一体。在根雕艺术人物创作中，要善于捕捉、挖掘根材中不同一般具有鲜明个性的和超凡脱俗的艺术形象。另外对人物塑造的各种技术要能驾轻就熟，且有较高的文化素养，这样才能眼高、手高，创作出好作品。

⑥这件作品与上图迥然不同，非常抽象。作者没有把注意力放在人物形象的塑造上，而是倾注于怎样让这种抽象造型中潜藏的某种美的东西得到最大限度的展示，作品几乎未动一刀。其强劲有力的扭曲，给人一种力量感，蕴藏着男性的阳刚之美。若对这件根雕艺术作品作一些人物形象的刻画，反而削弱了主题的表现。在根雕艺术创作中要因材施艺、量体裁衣、巧借天然。

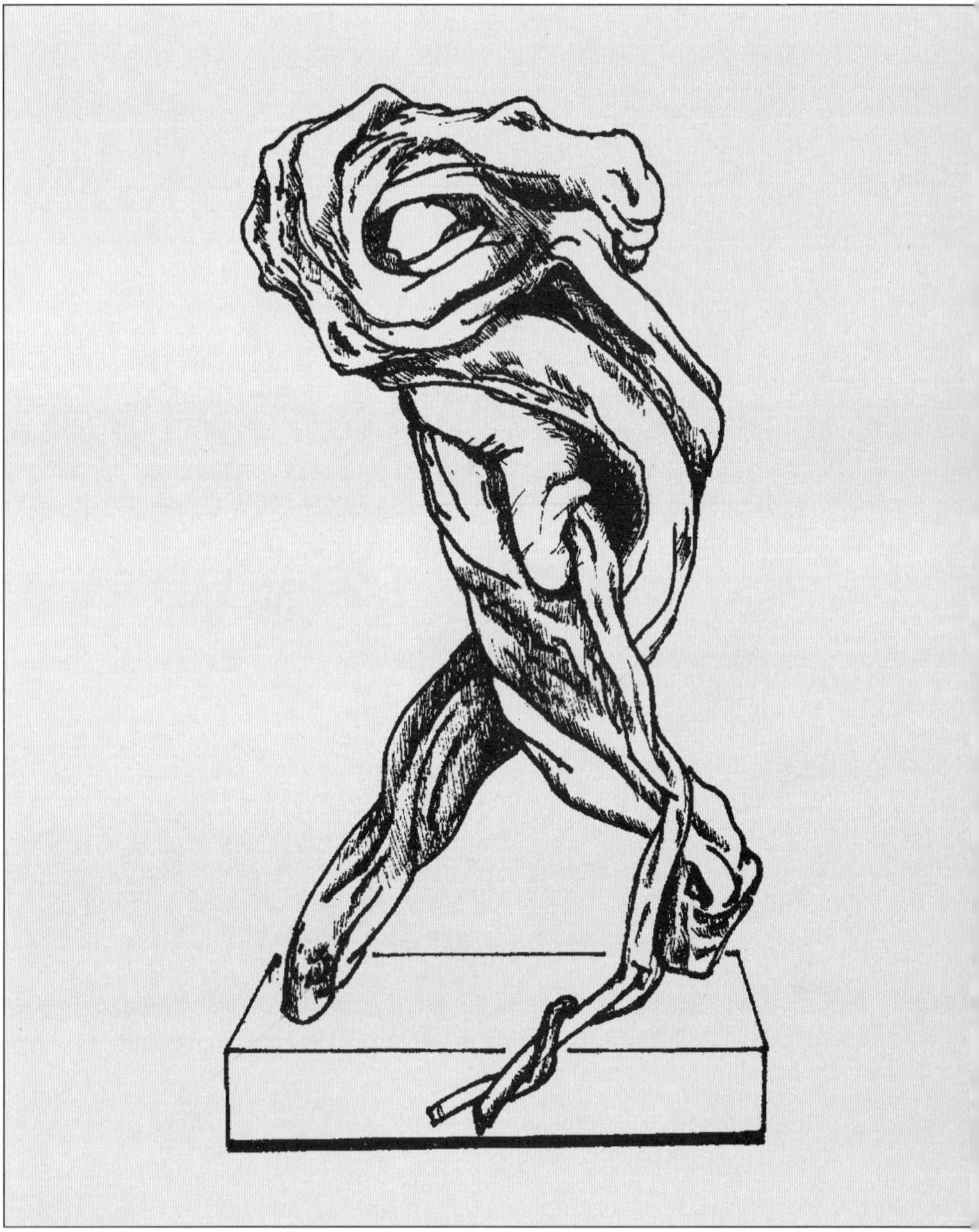